ほんの一手間で
プロっぽくなる

# Photoshop & Illustrator

デザインの小ワザ

島田陽生

技術評論社

# はじめに

数ある書籍の中から本書を手に取っていただき、ありがとうございます。

本書では、「ほんの一手間でプロっぽくなる」というコンセプトのもと、Photoshop と Illustrator を活用して Web サイトやバナー、グラフィックデザインを作成する際のレタッチや文字デザイン、あしらいデザイン等の技法を、具体的な手順を踏まえて解説しています。

デザインでは、わずかな手間を加えることで、仕上がりが飛躍的に上がることが多くあります。本書では、その一手間を見つけ、活用するための方法を詳細に解説していきます。

また、アイデアや知識を伝えるだけではなく、Photoshop と Illustrator を使ったデザインの基礎から応用技法までを、初心者から中級者まで、幅広い読者の方々に役立つ実践的な技術に落とし込み、解説しています。

はじめての方にもわかりやすく解説するため、本編では具体的な手順やスクリーンショットを活用し、ステップバイステップでの作業方法を詳細に説明しています。さらに、実際のデザイン例を交えながら、プロのデザイナーがどのようなアプローチでデザインを考え、作成するのかについても紹介しています。

デジタル時代の到来により、私たちは日常的にさまざまなデジタルメディアに触れる機会が増えました。Webサイトやソーシャルメディア上で目にするクオリティの高いデザインに触れるたびに、「こんな素敵なデザインを自分でも作りたい！」「自分にはデザインのセンスがないのかもしれない」と考えてしまうこともあるかもしれません。しかし、デザインの才能やセンスは必ずしも先天的なものではなく、後天的に磨いていけるものだと私は信じています。

今の自分がベストとは言えませんが、私も駆け出しの頃はセンスも技術もまったくない状態でした。そんな経験から生まれた本書は、後天的にスキルを磨いていきたい方におすすめしたい書籍なのです。

# CONTENTS

Chapter 1

ほんの一手間で
プロっぽくなる 「色調補正」の小ワザ

P.016

01 夏の爽やかな
雰囲気を出す

P.018

02 夜景をドラマチック
に表現する

P.020

03 レトロで懐かしい
空気感を出す

P.022

04 画像の特定の
色味を抜く

P.024

05 青空や海を
魅力的に表現する

P.026

06 夕日を印象的に
表現する

Chapter 2

ほんの一手間で
プロっぽくなる 「人物レタッチ・合成」の小ワザ

# Chapter 3

ほんの一手間で
プロっぽくなる 「商品レタッチ・合成」の小ワザ

P.074

**22** 商品の見栄えを
整える

P.076

**23** 商品を滑らかに
切り抜く

P.078

**24** 鏡面反射を
取り入れる

P.080

**25** 透明感のある影を
つける

P.084

**26** 屈折光を合成する

P.086

**27** 波紋を合成する

P.088

**28** テクスチャを
合成する

P.092

**29** 粘度の高い雫を
合成する

P.096

**30** 水滴を合成する

007

Chapter 4

ほんの一手間で
プロっぽくなる 「文字デザイン」の小ワザ

Chapter 5

ほんの一手間で
プロっぽくなる 「あしらいデザイン」の小ワザ

# 本書の使い方

本書では、作例ごとにSectionを分け、それぞれの作り方とBefore／After、
制作する上でのポイントやコツについて解説を行っています。

## ❶ 作例の完成イメージ

ここで制作する作例の完成イメージです。

## ❷ Before／After

作例のBefore／Afterです。作例がどのように変化するかがわかります。

## ❸ Point

デザインを行う上で知っておきたいコツを解説しています。

## ❹ 作り方

作例を制作する流れを抜粋して紹介しています。制作の全体像を把握できます。

## ❺ くわしい作り方

作例を制作するための詳しい手順を解説しています。

## ❻ Memo

各手順を行う上での補足事項や注意点を解説しています。

## ❼ TOPICS

ここでの操作に関する、応用的な知識を解説しています。

## ❽ ここで利用した画像

ここで利用した画像の紹介です。URLやQRコード、画像IDから、画像の入手先にアクセスできます。

## 応用例

本編で解説したテクニックの応用例を紹介しています。基本をマスターしたあと、さらに上達するための情報です。

---

応用例

# 商品に水面の波を合成する

モデルと水面画像を合成するほかに、商品と水面画像を合成することもあります。ここでは、商品と水面画像の合成方法について解説します。

Before 　After

### 作り方

① 水面の画像を重ねる

Photoshopで商品画像を開き、水面の画像を重ねます。

② 水面の画像を重ねて描画モードを乗算へ

描画モードを「乗算」に変更し、水面の画像を商品画像に合成します。

③ レイヤーマスクを追加

水面画像と重なっている部分の商品の色味が少し暗くなっているので、レイヤーマスクを追加し、カラー「黒」、不透明度「40%」のソフトブラシでドラッグし、商品を引き立てていきます。

④ 色味を調整して完成

調整レイヤーアイコンから「カラーバランス」を選択し、水面画像にカラーバランスレイヤーをクリッピングします。水面画像の色味を調整すれば完成です。

人物レタッチ

Chapter 2

ほんの一手間でプロっぽくなる、「人物レタッチ・合成」の小ワザ

069

---

#COLUMN

## 金文字作成の引き出し

本編ではレイヤースタイルを利用して金文字の作成を行いましたが、他にもさまざまな方法で金文字を作成することができます。レイヤースタイルが苦手な方は、金属テクスチャを文字レイヤーにクリッピングしてマスクする方法がおすすめです。クリッピングの方法について、詳しくはp.193を参照してください。

① 文字レイヤーの上に金属画像レイヤーを重ねる

② 金属画像レイヤーを文字レイヤーへクリッピング

③「カラーバランス」のレッドを「+50」、イエローを「-100」に設定

④「色相・彩度」の彩度を「+40」に設定して完成

金属画像の他にも、布画像や玉ボケ画像を使って金文字を作ることができます。

玉ボケ画像をクリッピング

布画像をクリッピング

Chapter 4

ほんの一手間でプロっぽくなる、「文字デザイン」の小ワザ

105

---

## COLUMN

本編の解説に関する、＋αの知識をまとめています。デザインの仕事を行う上で、知っておきたい情報です。

## ダウンロードについて

本書の解説に使用している画像は、各ページの「ここで利用した画像」にある
URLおよびQRコードからダウンロードすることができます。一部の画像は有料と
なります。また、各画像提供サイトの都合により、本書の解説に使用している画
像を入手できなくなる場合があります。あらかじめご了承ください。
また、本書が用意したオリジナルの素材については、下記のページよりダウンロー
ドできます。ダウンロード時は圧縮ファイルの状態なので、展開してから使用して
ください。

https://gihyo.jp/book/2023/978-4-297-13535-5/support

### 免責

本書に記載された内容は、情報の提供のみを目的としています。したがって、本
書を用いた運用は、必ずお客様自身の責任と判断によって行ってください。これ
らの情報の運用の結果、いかなる障害が発生しても、技術評論社および著者は
いかなる責任も負いません。
本書記載の情報は、2023年5月現在のものを掲載しています。ご利用時には、
変更されている可能性があります。OSやソフトウェア、webページなどは更新や
変更が行われる場合があり、本書での説明とは機能や画面などが異なってしま
うこともあり得ます。OSやソフトウェア、webページ等の内容が異なることを理
由とする、本書の返本、交換および返金には応じられませんので、あらかじめ
ご了承ください。

以上の注意事項をご承諾いただいた上で、本書をご利用願います。これらの注
意事項に関わる理由に基づく、返金、返本を含む、あらゆる対処を、技術評論
社および著者は行いません。あらかじめ、ご承知おきください。

■本書に掲載した会社名、プログラム名、システム名などは、米国およびその他の国にお
　ける登録商標または商標です。なお、本文にTMマーク、®マークは明記しておりません。

ほんの一手間でプロっぽくなる

# 「色調補正」の小ワザ

# 01 描画モード「焼き込みカラー」でできる
# 夏の爽やかな雰囲気を出す

爽やかさを出す色調補正は、フレッシュな印象や夏の涼しさを表現する際に便利な表現技法です。採用サイトや、夏の広告などで使用されることが多いです。

Before  ▶ After

---☀️Point ---

焼き込みカラーは、重ねる色味によって印象が大きく変化します。複数の色を試し、使用する画像にあった色味を採用しましょう。

## 作り方

画像を準備

▶

べた塗りを追加

▶

焼き込みカラーを設定

塗りを50%に

▶

レイヤーマスクを追加

▶

暗くなりすぎた部分を微調整して完成

# くわしい作り方

## ① ベタ塗りレイヤーを追加

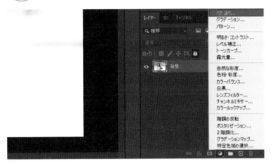

Photoshopで画像を開きます。調整レイヤーアイコンをクリックし、「べた塗り」を選択します。

## ② べた塗りレイヤーの色味を指定

カラーピッカーで、べた塗りの色を「#3fa1ce」に設定します。

>> Memo | 今回は夏の涼し気な雰囲気を表現したかったので青を選択しました。

## ③ 「焼き込みカラー」を選択

描画モードを「焼き込みカラー」に変更します。

## ④ 塗りを50%に調整

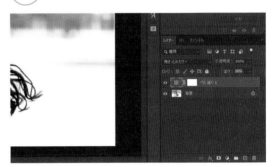

べた塗りレイヤーを選択し、塗りを「50%」に変更します。

## ⑤ レイヤーマスクを選択

べた塗りレイヤーのレイヤーマスクをクリックします。レイヤーマスクが選択されると、サムネイルの四隅に括弧が表示されます。

## ⑥ 濃くなりすぎた部分を 微調整して完成

髪の毛など、色味が濃くなりすぎた部分をカラー「黒」、不透明度「30%」のソフトブラシで少しずつドラッグします。自然な色味になれば完成です。

ここで利用した画像 > フォトAC：https://bit.ly/3Y9nhAT
画像ID：24297041

# 02 ≫ 描画モード「覆い焼きカラー」でできる
# 夜景をドラマチックに表現する

描画モードの「覆い焼きカラー」は、重ねる色を明るく反映させる効果があります。コントラストを高め、メリハリのあるドラマチックな表現を行うのに最適です。

**Before**

**After**

───💡 Point ───

覆い焼きカラーを使う際は、画像の色味（寒色や暖色など）に合わせて重ねる色を選ぶと、違和感の少ない絵に仕上げやすいです。

## 作り方

画像を準備

べた塗りを追加

描画モードを選択

覆い焼きカラーを選択

焼き込みカラーの塗りを選択

塗りを60%にして完成

# くわしい作り方

## ① べた塗りレイヤーを追加

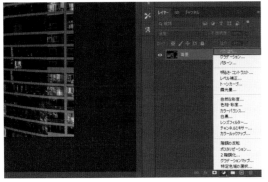

Photoshopで画像を開きます。調整レイヤーアイコンをクリックし、「べた塗り」を選択します。

## ② べた塗りレイヤーの色味を指定

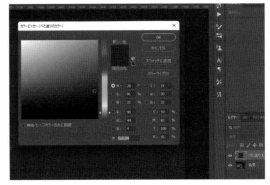

カラーピッカーで、べた塗りの色を「#5a2c04」に設定します。

>> Memo 今回は街灯のコントラストを強めたいので、街灯と同系色のオレンジを選びました。

## ③ 「覆い焼きカラー」を選択

描画モードを「覆い焼きカラー」に変更します。

## ④ 塗りを60％に調整して完成

「100％」のままだと少しコントラストが強すぎるため、べた塗りレイヤーを選択し、塗りを「60％」に変更すれば完成です。

---

#TOPICS 同じ画像を複製して覆い焼きカラーを設定する

合成色をうまく決められない場合は、同じ画像を複製し、描画モードを「覆い焼きカラー」に設定すると、コントラストの高い、メリハリのある画像に仕上げることができます。右の例では、複製したレイヤーの塗りを「10％」に設定しています。画像によって、適切な塗りの値は変化します。

Before

After

ここで利用した画像 > Unsplash：https://bit.ly/3IcUlD2

# 03 >> 描画モード「除外」でできる
# レトロで懐かしい空気感を出す

懐かしい雰囲気が漂うレトロな画像はユーザーの印象に残りやすく、PRサイトなどで使われることの多い技法です。子どもや田舎の風景など、昔の雰囲気をイメージさせたいときに効果的です。

Before

After

### Point

重ねる色や元画像の色味などによって異なるものの、基本的には彩度を下げ、画像全体の色調を少しイエロー寄りにすると、レトロな印象を作れます。

## 作り方

画像を準備

べた塗りを追加

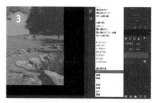

除外を選択

不透明度を50%に

塗りを50%に

ノイズを加えて完成

# くわしい作り方

## ① べた塗りレイヤーを追加

Photoshopで画像を開きます。調整レイヤーアイコンをクリックし、「べた塗り」を選択します。

## ② べた塗りレイヤーの色味を指定

カラーピッカーで、べた塗りの色を「#003cff」に設定します。

>> Memo  一部の色味を取り除くことで、レトロな雰囲気を表現できます。今回は青を取り除きます。

## ③ 「除外」を選択

描画モードを「除外」に変更します。

## ④ 不透明度と塗りを50%に調整

べた塗りレイヤーを選択し、不透明度「50%」、塗り「50%」に変更します。

## ⑤ ノイズを加える

元画像のレイヤーを選択し、「フィルター」→「ノイズ」→「ノイズを加える」の順に選択します。

>> Memo  画像にロックがかかっていると、フィルターを適用できないので注意しましょう。

## ⑥ ノイズを設定して完成

「量」を「14.9%」、「分布方法」を「均等に分布」に設定し、「OK」をクリックします。ノイズが加えられれば完成です。

ここで利用した画像 > フォトAC：https://bit.ly/3Hk3YOv
画像ID：24059769

# 04 » 描画モード「減算」でできる
# 画像の特定の色味を抜く

使用する画像の色調がすでに補正され、画像全体に色味がついてしまっている場合は、描画モード「減算」を使用して、元の色味に近づけることができます。元ファイルが存在しない場合に重宝されます。

Before

After

## Point

減算では、合成する色のRGBの値を引いた色が、結果としての色に反映されます。画像内の抜きたい色味を合成色に指定することで、元画像に近い色味を復元できます。

## 作り方

画像を準備

べた塗りを追加

描画モードを選択

減算を選択

不透明度を70%に

塗りを80%にして完成

# くわしい作り方

## ① べた塗りレイヤーを追加

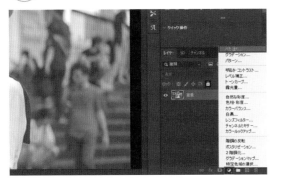

Photoshopで画像を開きます。調整レイヤーアイコンをクリックし、「べた塗り」を選択します。

## ② べた塗りレイヤーの色味を指定

カラーピッカーで、べた塗りの色を「#0d3136」に設定します。

>> Memo 今回は写真の青を取り除きたいので、べた塗りでは青を指定しています。

## ③ 「減算」を選択

描画モードを「減算」に変更します。

## ④ 不透明度を70%に調整

不透明度を「70%」に変更します。

## ⑤ 塗りを80%に調整

塗りを「80%」に変更します。

## ⑥ 完成

不透明度や塗りを微調整して完成です。

ここで利用した画像 > Unsplash：https://bit.ly/406OLJz

# 05 >> 露光量でできる 青空や海を魅力的に表現する

肉眼で見るよりも少しオーバーなくらいに青色の彩度を上げると、夏の色彩を表現することができます。旅行サイトや観光パンフレットなどの風景写真でよく使われる技法です。

Before

After

## Point

彩度を上げすぎると、色が鮮やかになり、違和感が出てしまいます。彩度の上げすぎには注意しましょう。

## 作り方

画像を準備

彩度を調整

明るさを調整

露光量で色調を調整

露光量で明るさを調整

レイヤーマスクで微調整を行い完成

# くわしい作り方

## ① 彩度を調整

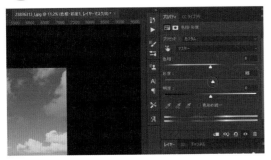

Photoshopで画像を開きます。調整レイヤーアイコンをクリックし、「色相・彩度」を選択します。彩度を「+5」に設定します。

## ② 明るさ・コントラストを調整

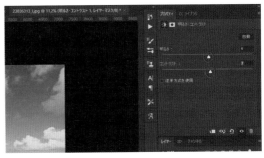

調整レイヤーアイコンをクリックし、「明るさ・コントラスト」を選択します。明るさを「+6」、コントラストを「+7」に設定します。

## ③ 露光量を調整

調整レイヤーアイコンをクリックし、「露光量」を選択します。露光量を「+0.1」、オフセットを「-0.0956」、ガンマを「1.50」に設定します。

## ④ 画像の黒つぶれを修正

色調補正を繰り返すと、元画像が劣化したり、黒つぶれ、白飛びすることがあります。今回の場合はモデルの髪の毛が黒つぶれしてしまっているので、これを修正していきます。

## ⑤ レイヤーマスクを選択

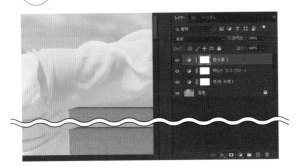

モデルの髪の毛が黒つぶれしている原因は、露光量です。露光量レイヤーのレイヤーマスクサムネイルをクリックし、レイヤーマスクを選択した状態にします。

## ⑥ 黒つぶれ部分にレイヤーマスクを適用させて完成

ブラシツールを選択し、黒つぶれしている髪の毛の部分をカラー「黒」、不透明度「100%」のソフトブラシでドラッグし、画像のディティールを元に戻せば完成です。

ここで利用した画像 > フォトAC：https://bit.ly/3Hc36eW
画像ID：23836313

# 06 》 トーンカーブでできる 夕日を印象的に表現する

夕焼けが空一面を染め上げる表現は印象に残りやすく、ノスタルジックなイメージを与えます。ブランドサイトや広告などで利用することも多く、幅広いターゲットに効果的な表現技法です。

**Before**

**After**

## Point

一般的に、黄色味を強めると朝日を、紫や赤味を強めると夕日を想起させやすいとされています。夕日を表現する場合は、紫や赤味を強めましょう。

## 作り方

画像を準備

自然な彩度を選択

自然な彩度で色調を調整

トーンカーブを選択

トーンカーブで赤味を調整

トーンカーブで青味を調整して完成

# くわしい作り方

## ① 自然な彩度で色調を調整

Photoshopで画像を開きます。調整レイヤーアイコンをクリックし、「自然な彩度」を選択します。自然な彩度を「+17」、彩度を「+13」に設定します。

## ② トーンカーブを追加

調整レイヤーアイコンをクリックし、「トーンカーブ」を選択します。トーンカーブは、色味を細かく調整できる調整レイヤーです。

## ③ トーンカーブで赤味を強める

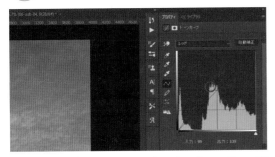

トーンカーブのRGBチャンネルを、「レッド」に変更します。調整グラフ内の中心にポイントを置き、左斜め上に持ち上げ、全体の赤味を強めます。

## ④ トーンカーブで青味を強めて完成

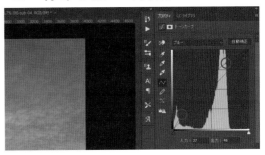

トーンカーブのRGBチャンネルを、「ブルー」に変更します。調整グラフ内の左下と右上にポイントを置き、両方を左斜め上に持ち上げ、空全体を赤紫に染め上げれば完成です。

---

### #TOPICS トーンカーブの4つのチャンネル

トーンカーブでは、「RGB」「レッド」「グリーン」「ブルー」の4つのチャンネルを調整することで、色味や明暗を細かく微調整できます。レッドチャンネルは、ポイントを上方向に持ち上げると赤の色味が強くなり（左）、下方向に下げると水色の色味が強くなります（右）。

ブルーチャンネルは、ポイントを上方向に持ち上げると青の色味が強くなり（左）、下方向に下げると黄色の色味が強くなります（右）。

---

ここで利用した画像 > フォトAC：https://bit.ly/3HlqDFX
画像ID：24325436

# 07 ≫ カラーバランスでできる 落ち着いた格調高い雰囲気を出す

画像全体の色味を寒色寄りにすると、落ち着いた雰囲気を作ることができます。大自然を写した画像や、スタイリッシュな雰囲気のブランド・商品画像などと相性のよい技法です。

Before

After

## ── ·ϙ·Point ──

寒色と暖色のコントラスト比を強めると、魅力的な画像になりやすいです。暗い影の部分は寒色を、太陽の部分は暖色を強めましょう。

## 作り方

① 画像を準備

② 色相・彩度で彩度を下げる

③ カラーバランスで寒色を強める

④ トーンカーブで赤味を強める

⑤ 露光量でコントラストを強める

⑥ レベル補正で明るさを抑えて完成

# くわしい作り方

## ① 色相・彩度で全体の彩度を下げる

Photoshopで画像を開きます。調整レイヤーアイコンをクリックし、「色相・彩度」を選択します。彩度を「-20」に設定します。

## ② カラーバランスで寒色を強める

調整レイヤーアイコンをクリックし、「カラーバランス」を選択します。シアン〜レッドを「-38」、マゼンタ〜グリーンを「+15」に設定します。

## ③ トーンカーブを追加

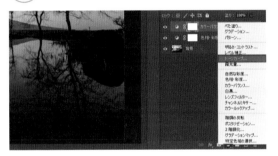

調整レイヤーアイコンをクリックし、「トーンカーブ」を選択します。

## ④ トーンカーブで赤味を強める

トーンカーブのRGBチャンネルを「レッド」に変更し、ゆるやかなS字の曲線になるようにトーンカーブを調整します。

>> Memo トーンカーブの曲線が激しいほど、コントラスト比が強くなります。

## ⑤ コントラストを強める

調整レイヤーアイコンをクリックし、「露光量」を選択します。オフセットを「-0.015」、ガンマを「1.14」に設定します。

## ⑥ 全体の明るさを落として完成

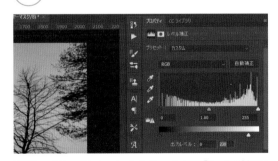

調整レイヤーアイコンをクリックし、「レベル補正」を選択します。ホワイトの出力レベルを「230」に設定し、全体の明るさを少し落とせば完成です。

ここで利用した画像 > Unsplash : https://bit.ly/3YbmEHn

# 08 》

### レベル補正でできる

# ふんわり優しい春の雰囲気を出す

季節感を表現するには、画像全体を季節を想起する色味に調整するのが効果的です。春の場合は、ピンクや水色のパステルカラーで色味を整えると、春らしさを表現できます。

**Before**

**After**

## ─ ˙◌̈ Point ─

春の色味のポイントは、淡い色味のパステルカラーです。彩度を上げすぎると色味がきつくなりすぎ、春らしさが伝わりにくくなるので注意しましょう。

## 作り方

画像を準備

コントラストを下げる

自然な彩度で彩度を上げる

カラーバランスで色味を調整

レベル補正で色味を淡くする

露光量で全体を引き締め完成

# くわしい作り方

## ① コントラストを下げる

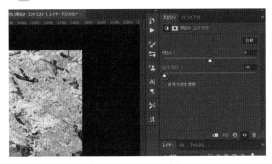

Photoshopで画像を開きます。調整レイヤーアイコンをクリックし、「明るさ・コントラスト」を選択します。明るさを「0」、コントラストを「-50」に設定します。

## ② 自然な彩度で彩度を上げる

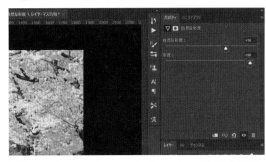

調整レイヤーアイコンをクリックし、「自然な彩度」を選択します。自然な彩度を「+36」、彩度を「+90」に設定します。

## ③ カラーバランスでピンク寄りに調整

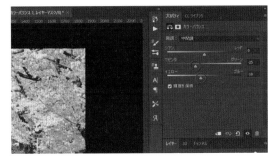

調整レイヤーアイコンをクリックし、「カラーバランス」を選択します。マゼンタ〜グリーンを「-25」、イエロー〜ブルーを「-10」に設定します。

## ④ レベル補正で明るさを上げる

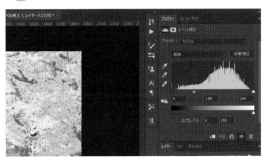

調整レイヤーアイコンをクリックし、「レベル補正」を選択します。中間調を「1.90」に設定します。これで、柔らかい印象になります。

## ⑤ 露光量でメリハリをつける

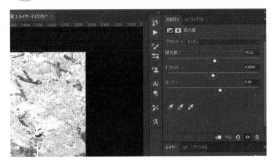

調整レイヤーアイコンをクリックし、「露光量」を選択します。露光量を「+0.25」、ガンマを「0.80」に設定します。

## ⑥ レイヤーマスクで色が濃すぎる部分を消して完成

「自然な彩度」レイヤーのレイヤーマスクサムネイルをクリックします。色味が濃すぎる部分をカラー「黒」、不透明度「50%」のソフトブラシでドラッグして完成です。

ここで利用した画像 > Unsplash：https://bit.ly/3XEDZZf

# 09 >> 描画モード「ソフトライト」でできる
# 複数の画像の色味を合わせる

複数画像の色味を合わせる技法は、Webデザインやバナーデザインなどによく使用されます。色味を合わせることで、全体の統一感を出したり、印象に残りやすくする効果が期待できます。

Before

▼

After

## Point

今回は、上の画像がグリーン寄りの色味、下の画像がブルー寄りの色味になっています。これらの色味を「ソフトライト」で統一します。

## 作り方

① 画像を準備

② 人物に長方形レイヤーを重ねる

③ 風景に長方形レイヤーを重ねる

④ 描画モードをソフトライトに

⑤ 長方形レイヤーの不透明度を60%に

⑥ 色味を微調整して完成

# くわしい作り方

## ① 画像を準備

色味を統一する画像をPhotoshopで開きます。

## ② 長方形を追加

長方形ツールを選択し、上の画像と同じ大きさの長方形を作成します。色は#c8e8ffに設定します。

## ③ 長方形を複製

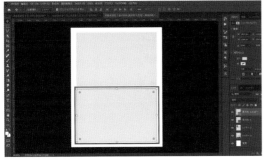

②で作成した長方形を Alt / option キーを押しながら下にドラッグして複製し、下の画像と重ねます。

>> Memo　画像ごとに長方形を作成することで、個々の微調整がしやすくなります。

## ④ 「ソフトライト」に変更

2つの長方形を選択し、描画モードを「ソフトライト」に変更します。

## ⑤ 不透明度を60%に

2つの長方形レイヤーの不透明度を、60%まで下げます。

## ⑥ 微調整して完成

風景画と人物画の色味をもう少し近づけるため、風景の長方形レイヤーの不透明度を90%まで上げて完成。

ここで利用した画像 > iStock：https://bit.ly/3Vp8vWz
画像ID：1408412072

iStock：https://bit.ly/44hRP7B
画像ID：1471869577

# 色味を活用した雰囲気の引き出し

この章で解説したように、色味の調整によって画像の雰囲気を変更することができます。
ここでは、暖色、寒色のべた塗りを使った表現技法について紹介します。

## 1 » 色味を暖色にする

黄色などの暖色系の色調は、優しさや温もりなどを表現するために使われることが多いです。

Before      After

① 画像を開く

② #ffebc9のべた塗り追加

③ 描画モードを「ソフトライト」に変更

④ 完成

## 2 » 色味を寒色にする

青や緑、紫などの寒色系の色調は、自然風景や冬の景色を表現するために使われることが多いです。

Before      After

① 画像を開く

② #055d7dのべた塗りを追加

③ 描画モードを「ソフトライト」に変更

④ 完成

ほんの一手間でプロっぽくなる

# 「人物レタッチ・合成」の小ワザ

# 10 » トーンカーブでできる 肌にパール感を出す

肌のパール感を出す技法は、肌の潤いやすっぴん肌の美しさを表現する際に効果的です。化粧品など、美容用品の広告でよく使われています。

Before

After

## Point

パール感を出すには、照明によってできるテカリを強調する必要があります。しかし、テカリを強調しすぎるとオイリー肌に見えることもあるので、やりすぎには注意が必要です。

## 作り方

1 画像を準備

2 トーンカーブで全体を明るくする

3 トーンカーブの範囲を指定

4 レイヤーマスクで全体を隠す

5 レイヤーマスクでテカリ部分をなぞる

6 全体の色味を調整して完成

# くわしい作り方

## ① トーンカーブレイヤーを追加

Photoshopで画像を開きます。調整レイヤーアイコンをクリックし、「トーンカーブ」を選択します。追加されたレイヤーの名前を「顔」に変更します。

## ② トーンカーブで全体を明るくする

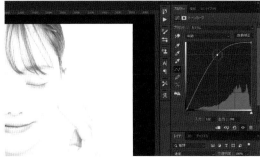

トーンカーブの中央部分を上に持ち上げ、画像全体を明るくします。

## ③ レイヤー効果を選択

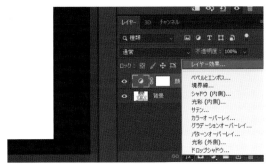

レイヤースタイルを追加アイコンをクリックし、「レイヤー効果」を選択します。

## ④ トーンカーブの適用範囲を指定

「下になっているレイヤー」の黒いつまみを右にドラッグし、てからせる範囲を指定します。

>> Memo　Alt / option キーを押しながらドラッグすると、明るい部分と暗い部分の境界線を滑らかにできます。

## ⑤ レイヤーマスクを黒で塗りつぶす

レイヤーマスクサムネイルをクリックし、塗りつぶしツールでトーンカーブレイヤーを黒に塗りつぶします。トーンカーブの適用が、いったん外れます。

## ⑥ 肌の明るくしたい部分をなぞりパール感を出す

不透明度「50%」、カラー「白」のソフトブラシで、ほほやおでこ、鼻筋、唇などテカリを出したい部分をドラッグし、顔のパール感を表現します。

⑦ トーンカーブレイヤーを追加

調整レイヤーアイコンをクリックし、「トーンカーブ」を選択します。レイヤー名を「体」に変更します。

⑧ トーンカーブで
全体を明るくする

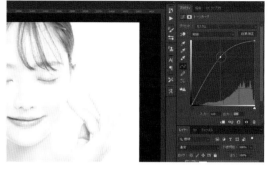

トーンカーブの中央部分を上に持ち上げ、画像全体を明るくします。

⑨ レイヤー効果を選択

レイヤースタイルを追加アイコンをクリックし、「レイヤー効果」を選択します。

⑩ トーンカーブの適用範囲を指定

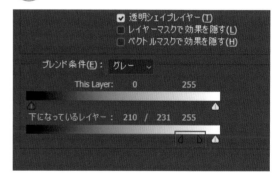

「下になっているレイヤー」の黒いつまみを右にドラッグし、体や指先などの明るくしたい範囲を指定します。

⑪ レイヤーマスクで
体のパール感を出す

⑤と同様の方法で、レイヤーマスクを黒く塗りつぶします。不透明度「50%」、カラー「白」のソフトブラシで、体の明るくしたい部分をドラッグします。

⑫ トーンカーブレイヤーを追加

調整レイヤーアイコンをクリックし、「トーンカーブ」を選択します。レイヤー名を「陰影」に変更します。

### 13 トーンカーブで全体を暗くする

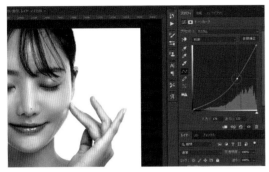

トーンカーブの中央部分を下に下げ、画像全体を暗くします。

### 14 レイヤー効果を選択

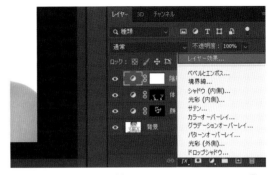

レイヤースタイルを追加アイコンをクリックし、「レイヤー効果」を選択します。

### 15 レイヤー効果でトーンカーブの適用範囲を指定

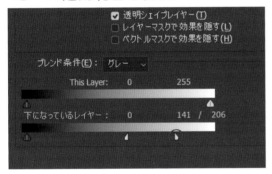

「下になっているレイヤー」の右側の白いつまみを左にドラッグし、顔や体の影になる範囲を指定します。

### 16 レイヤーマスクで顔と体の陰影を強調

⑤と同様の方法で、レイヤーマスクを黒く塗りつぶします。顔と体の影になる部分を不透明度「30%」、カラー「白」のソフトブラシでドラッグし、メリハリを出します。

### 17 画像全体の明るさを微調整する

調整レイヤーアイコンをクリックし、「明るさ・コントラスト」を選択します。明るさを「7」に設定します。

### 18 画像全体の色味を調整して完成

調整レイヤーアイコンをクリックし、「カラーバランス」を選択します。マゼンタ〜グリーンを「-8」に設定すれば完成です。

ここで利用した画像　iStock：https://bit.ly/3ReGzmi　画像ID：1278236809

# 11 》 「ハイパス」フィルターでできる
# 肌のしわやできものを消す

Webサイトのキービジュアルや駅内広告など、高解像度の人物画像を大きく扱う場合、しわやできものなどが目立ちやすくなります。しっかりとしたレタッチにより、目立ちにくくすることが大切です。

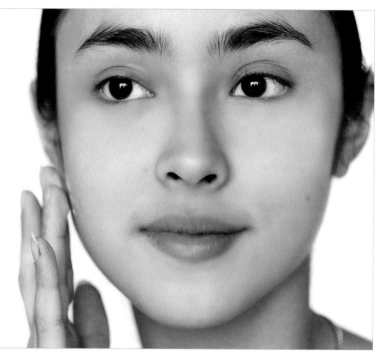

**Before**

**After**

-----💡Point-----

しわや毛穴を目立たなくすることで、肌をきれいに見せることができます。しかし、肌をきれいに加工しすぎるとのっぺりとした仕上がりになり、不自然になりやすいので注意しましょう。

## 作り方

画像を準備

画像を複製しぼかす

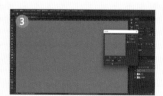

再度画像を複製しハイパスを適応

描画モードをリニアライトへ

ぼかしとハイパスレイヤーをグループ化しレイヤーマスクを追加

ぼかしとハイパスレイヤーを肌の部分のみに適用し完成

# くわしい作り方

## ① 元画像を複製

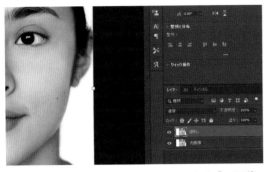

Photoshopで画像を開き、レイヤー名を「元画像」に変更します。元画像を複製し、レイヤー名を「ぼかし」に変更します。

## ② ぼかし（ガウス）を選択

ぼかしレイヤーを選択し、「フィルター」→「ぼかし」→「ぼかし（ガウス）」を選択します。

## ③ 肌をぼかす

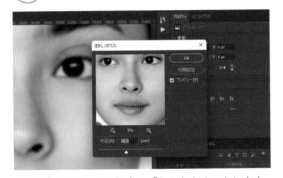

半径を「18.0pixel」に設定し、「OK」をクリックします。

>> Memo 数値の目安は、毛穴やしわが目立たなくなる程度がおすすめです。

## ④ 元画像を複製

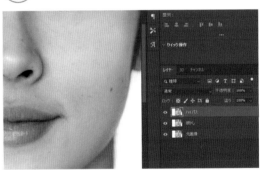

元画像を再度複製し、レイヤー名を「ハイパス」に変更します。レイヤーの重ね順は、上から順に「ハイパス」→「ぼかし」→「元画像」になるようにします。

## ⑤ ハイパスを選択

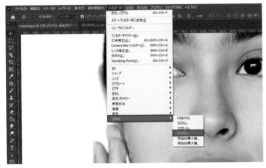

ハイパスレイヤーを選択し、「フィルター」→「その他」→「ハイパス」を選択します。

## ⑥ ハイパスを適用させる

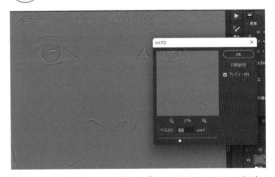

半径を「9.0pixel」に設定し、「OK」をクリックします。

>> Memo 数値の目安は、被写体の鼻や唇などのパーツの輪郭が線で見える程度がおすすめです。

⑦ 「リニアライト」を選択

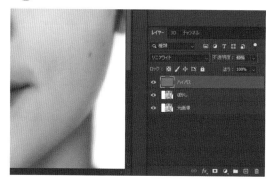

ハイパスレイヤーを選択し、描画モードを「リニアライト」に変更します。不透明度を「40%」に設定します。

⑧ 「ぼかし」「ハイパス」レイヤーをグループ化

「ぼかし」と「ハイパス」の2つのレイヤーを同時に選択し、レイヤーをグループ化します。

⑨ グループへレイヤーマスクを追加

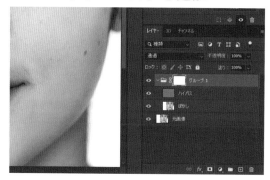

グループレイヤーを選択し、レイヤーマスクを追加アイコンをクリックします。グループレイヤーに、レイヤーマスクが追加されます。

⑩ レイヤーマスクを黒く塗りつぶす

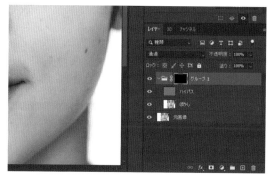

レイヤーマスクのサムネイルをクリックし、塗りつぶしツールで黒に塗りつぶします。「ぼかし」「ハイパス」の2つのレイヤーの適用がいったん外れます。

⑪ ソフトブラシを選択

グループレイヤーのレイヤーマスクを選択した状態でブラシツールを選択し、不透明度「50%」、カラー「白」のソフトブラシに変更します。

⑫ 肌の気になる部分をなぞる

気になるしわやできものなどの上をドラッグすれば、完成です。

ここで利用した画像 Freepik：https://bit.ly/3JnRcBg
画像ID：2825712

# ニキビやほくろの消し方の引き出し

ポートレート写真において、肌のフォトレタッチは非常に重要です。ニキビやほくろの消し方のバリエーションを知っておきましょう。

## 1 » スポット修復ブラシツール

Photoshopの「スポット修復ブラシツール」でクリックすることで、画像内の不要なものを消すことができます。

Before　　　　　　　After

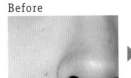 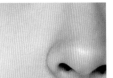

① 画像を準備

② スポット修復ブラシツールを選択

③「コンテンツに応じる」に変更

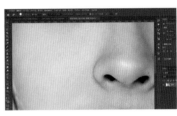
④ 不要な部分をクリックして、ニキビやほくろを消す

## 2 » パッチツール

Photoshopの「パッチツール」で該当範囲を囲みドラッグすることで、画像内の不要なものを消すことができます。

Before　　　　　　　After

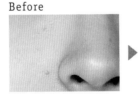 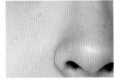

① パッチツールを選択

②「コンテンツに応じる」に変更

③ 不要な部分を、パッチツールの選択範囲でドラッグして囲む

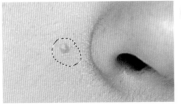 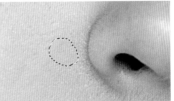
④ 不要な要素がなくなるところまでドラッグ

# 12 >> 色域指定でできる
# 唇に艶を出す

グロスや口紅といった唇に使用するような商品では、モデルの唇を魅力的にレタッチする必要があります。その場合は、唇に艶を出して潤い感を表現する技法が効果的です。

Before

After

## Point

唇には、意外と縦のしわが多くあります。唇のレタッチをする際は、しわをしっかり消してあげるとより魅力的な唇に魅せることができます。

## 作り方

画像を複製してぼかす

レイヤーマスクでしわを消す

ソフトブラシで唇をなぞりオーバーレイを選択

レイヤーマスクを追加して黒で塗りつぶし

色域指定で唇の艶の選択範囲を作成

ソフトブラシにマスクを適用させて完成

# くわしい作り方

## ① 画像を複製

Photoshopで画像を開き、レイヤー名を「元画像」に変更します。「元画像」を複製し、レイヤー名を「ぼかし」に変更します。

## ② ぼかし（ガウス）を選択

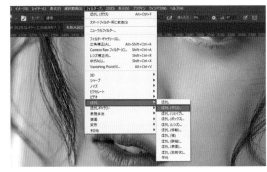

「フィルター」→「ぼかし」→「ぼかし（ガウス）」の順に選択します。

## ③ ぼかしレイヤーをぼかす

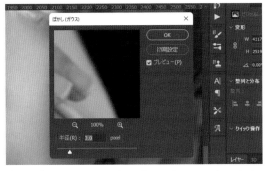

半径を「3.0pixel」に設定し、「OK」をクリックします。

Memo ┃ 数値の目安は、唇の小さなしわが目立たなくなる程度がおすすめです。

## ④ ぼかしレイヤーへレイヤーマスクを追加

ぼかしレイヤーを選択した状態で、レイヤーマスクを追加アイコンをクリックします。レイヤーマスクは、塗りつぶしツールで黒に塗りつぶします。

## ⑤ ソフトブラシで細かい唇のしわを消す

不透明度「50%」、カラー「白」のソフトブラシで唇のしわをドラッグし、しわを消していきます。

## ⑥ ソフトブラシで唇をなぞる

新規レイヤーを追加し、レイヤー名を「艶」に変更します。不透明度「100%」、カラー「白」のソフトブラシで、唇全体をドラッグします。

## ⑦ 「オーバーレイ」を選択

艶レイヤーを選択し、描画モードを「オーバーレイ」に変更します。

## ⑧ 艶レイヤーへレイヤーマスクを追加

レイヤーマスクを追加アイコンをクリックし、艶レイヤーにレイヤーマスクを追加します。レイヤーマスクは、塗りつぶしツールで黒に塗りつぶします。

## ⑨ 色域指定を選択

元画像レイヤーを選択し、「選択範囲」→「色域指定」の順に選択します。

## ⑩ 色域指定で選択範囲を作成

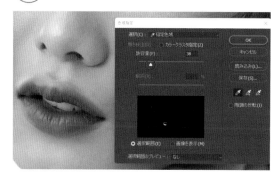

画像内の、唇の白い部分をクリックします。許容量を「38」に設定し、「OK」をクリックします。

## ⑪ 艶レイヤーを選択

唇の白い部分に、選択範囲が作成されます。艶レイヤーを選択します。

## ⑫ 唇に艶を出して完成

不透明度「100%」、カラー「白」のソフトブラシで唇をドラッグし、艶を出せば完成です。

> ≫ Memo　艶が強すぎる場合は、「艶」レイヤーの不透明度を調整します。

ここで利用した画像 > Unsplash：https://bit.ly/3HjlXDS

# 唇レタッチの引き出し

ポートレート写真において、唇のレタッチは非常に重要です。レタッチ方法のバリエーションを知っておきましょう。

## 1 » 唇の色をナチュラルにする

ストックフォトなどの場合、モデルがよくても口紅の色が強すぎるという場合があります。そのような場合は、口紅の色をナチュラルにする技法がおすすめです。

Before     After

 ▶

① 色域指定で唇の選択範囲を作成

② 新規レイヤーを追加し、ソフトブラシで理想の唇の色で選択範囲を塗る

 ③ レイヤースタイルを追加アイコンから、「レイヤー効果」を選択

④ Alt キーを押しながら「このレイヤー」の白のつまみを左にドラッグして完成

## 2 » 口紅の色を濃くする

口紅などの商品の場合、同じ画像でさまざまな唇の色を表現したい場合があります。そのような場合は、口紅の色を濃くする技法がおすすめです。

Before     After

① 画像を開き新規レイヤーを追加

② 理想の口紅色のソフトブラシで唇をなぞる

③ 新規レイヤーの描画モードを「ソフトライト」に変更

④ 新規レイヤーの不透明度を「70%」に設定して完成

# 13 レイヤーマスクとソフトブラシでできる
# 自然な目力を出す

目は人物の印象を左右する大切なパーツの1つであり、目に輝きがあるかないかによって与える印象も異なります。素人の方が撮影した画像などに利用すると、効果的です。

Before

After

## Point

目をレタッチする場合、黒目をきれいに見せたい場合は露光量を上げ、黒目を大きく見せたい場合は露光量を下げます。

## 作り方

1 彩度を落とす

2 レイヤーマスクで色相・彩度を非表示

3 ソフトブラシで白目の充血を消す

4 露光量を追加し、レイヤーマスクで非表示

5 ソフトブラシで黒目を濃くする

6 ソフトブラシで光の反射を追加し完成

# くわしい作り方

## ① 彩度を落とす

Photoshopで画像を開きます。調整レイヤーアイコンをクリックし、「色相・彩度」を選択します。彩度を「-90」、明度を「+35」に設定します。

>> Memo ┃ 数値の目安は、白目の充血が目立たなくなる程度がおすすめです。

## ② レイヤーマスクを黒で塗りつぶす

色相・彩度レイヤーのレイヤーマスクサムネイルをクリックします。塗りつぶしツールで、黒に塗りつぶします。

## ③ 白目の充血を消す

不透明度「50%」、カラー「白」のソフトブラシで、白目の充血をドラッグして消していきます。

## ④ 「露光量」で全体を明るく

調整レイヤーアイコンをクリックし、「露光量」を選択します。露光量を「+0.55」、ガンマを「0.60」に設定します。

## ⑤ 黒目を明るくする

②の手順と同様にレイヤーマスクを黒に塗りつぶします。不透明度「50%」、カラー「白」のソフトブラシで黒目の部分をドラッグし、黒目を明るくしていきます。

## ⑥ 瞳の輝きを追加して完成

新規レイヤーを追加します。不透明度「100%」、カラー「白」のソフトブラシで、すでにある瞳の白い部分を気持ち大きくするようにドラッグして瞳の輝きを足せば完成です。

ここで利用した画像 > iStock：http://bit.ly/3wBZk9O
画像ID：1401149237

049

# 14 ≫ 描画モード「オーバーレイ」でできる
# 髪の艶を出す

髪の毛に艶を出す技法は、シャンプーやトリートメント、美容院などの広告やWebサイトに多く利用されています。髪質をよく見せることにより、商品の魅力を伝えることができます。

Before

After

─ 💡 Point ─

髪に艶が出るということは、光源が強いということです。髪の毛の艶だけを強調すると不自然になる場合もあるため、必要に応じて顔や体の明るさも調整しましょう。

## 作り方

画像を準備

白でべた塗り

べた塗りレイヤーをオーバーレイ

レイヤー効果でべた塗り部分を指定

レイヤーマスクでべた塗りを非表示

ソフトブラシで艶の部分をなぞり完成

# くわしい作り方

## ① 白のべた塗りレイヤーを追加

Photoshopで画像を開きます。調整レイヤーアイコンをクリックし、「べた塗り」を選択します。べた塗りのカラーを、白に設定します。

## ② 「オーバーレイ」を選択

べた塗りレイヤーを選択し、描画モードを「オーバーレイ」に変更します。

## ③ レイヤー効果を追加

レイヤースタイルを追加アイコンをクリックし、「レイヤー効果」を選択します。

## ④ 適用範囲を指定

「下になっているレイヤー」の左のつまみ（黒い方）を、[Alt]／[option]キーを押しながら右にドラッグし、べた塗りレイヤーの適用範囲を指定します。

>> Memo　三角のつまみは、2つのつまみになっています。[Alt]／[option]キーを押しながらつまみを動かすことで、別々に調整することができます。

## ⑤ レイヤーマスクを 黒で塗りつぶす

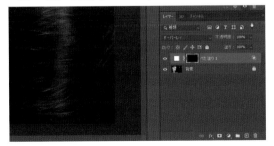

レイヤーマスクサムネイルをクリックし、レイヤーマスクを塗りつぶしツールで黒に塗りつぶします。

## ⑥ ソフトブラシで 艶部分をなぞり完成

レイヤーマスクを選択した状態で、不透明度「80%」、カラー「白」のソフトブラシで髪の毛の艶の部分をドラッグします。不透明度を「50%」に設定したら完成です。

ここで利用した画像 ＞ Freepik：http://bit.ly/3jfFwWM

# 15 >> 「色相・彩度」でできる 髪の毛の色味を変える

髪の毛の色を変えるレタッチは、真面目な印象を与えたい場合は黒髪に、明るくポップな印象を与えたい場合は髪色を明るくするなど、業種やジャンルによって髪色を変えると効果的です。

Before

After

## 作り方

画像を準備

多角形選択ツールで大雑把な髪の選択範囲を作成

色域指定で細かい髪の選択範囲を作成

「色相・彩度」で髪色を変更

選択とマスクで選択範囲を微調整

塗りムラを調整して完成

# くわしい作り方

## ① 大雑把な髪の選択範囲を作成

Photoshopで画像を開きます。多角形選択ツールを選択し、髪のおおまかな選択範囲を作成します。

## ② 細かい髪の選択範囲を作成

「選択範囲」→「色域指定」の順に選択します。髪の毛の部分をクリックし、「OK」をクリックします。

## ③ 「色相・彩度」を追加

調整レイヤーアイコンをクリックし、「色相・彩度」を選択します。彩度を「-100」、明度を「-7」に設定し、黒髪に変更します。

## ④ 「選択とマスク」を選択

「色相・彩度」のレイヤーマスクの上で右クリックし、「選択とマスク」を選択します。

## ⑤ 選択範囲を微調整

境界線調整ブラシツールを選択し、髪の毛先をドラッグします。「OK」をクリックすると、毛先の細かい部分にまでレイヤーマスクが適用されます。

## ⑥ 塗りムラを調整して完成

色相・彩度のレイヤーマスクサムネイルを選択し、不透明度「80%」、カラー「白」のソフトブラシで塗りムラのある部分をドラッグすれば完成です。

ここで利用した画像 > iStock：http://bit.ly/3HoUXnl
画像ID：619962044

# 16 >> トーンカーブでできる 服のしわを消す

業種やジャンルによっては、服にしわがあると見栄えがよくない場合があります。モデルの服のしわが気になる場合に、服のしわを消すレタッチ技法を身につけておきましょう。

Before

After

## Point

服のしわはスポット修復ブラシツールで消すことができますが、服の繊維を合わせるのが難しい場合もあります。そのような場合は、トーンカーブを利用しましょう。

## 作り方

画像を準備

トーンカーブで全体を暗くする

トーンカーブにマスクを追加する

マスクを黒で塗りつぶす

ソフトブラシを選択し流量を5%へ

ソフトブラシでしわを消して完成

# くわしい作り方

## ① トーンカーブで全体を暗くする

Photoshopで画像を開きます。調整レイヤーアイコンをクリックし、「トーンカーブ」を選択します。トーンカーブの中央部分を下に下げ、全体の明るさを落とします。

## ② レイヤーマスクを選択

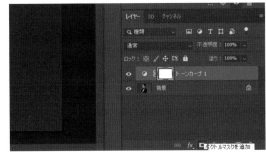

トーンカーブレイヤーのレイヤーマスクを選択します。

## ③ レイヤーマスクを塗りつぶす

塗りつぶしツールで、レイヤーマスクを黒で塗りつぶします。

## ④ ソフトブラシを選択

ブラシツールを選択し、「ソフト円ブラシ」へ切り替えます。不透明度「100%」、流量「5%」、カラー「白」に設定します。

## ⑤ しわをなじませて消す

ソフトブラシでしわの部分をドラッグし、しわをなじませて消していきます。ここでは流量を低く設定し、同じ部分を何度もなぞることで、少しずつしわを目立ちにくくさせるのがポイントです。

## ⑥ 微調整をして完成

1つのトーンカーブでしわをなじませきれない場合は、暗さを強めたトーンカーブをもう1つ追加し、①〜⑤の工程を繰り返します。しわが完全になじんだら完成です。

ここで利用した画像 > stock.adobe：http://bit.ly/3wCs81R
画像ID：521335435

# 17 >> 描画モード「乗算」でできる
# 髪の毛の毛先まできれいに切り抜く

デザインの現場では、髪の毛のような細かいものをきれいに切り抜きたい場合がよくあります。毛先までいかにきれいに切り抜けるかが、合成のクオリティにつながります。

Before

After

—💡Point

髪の毛からぴょんぴょんと跳ね出てしまう短い髪がある場合は、ブラシツールを使うと細かく切り抜くことができます。

## 作り方

被写体を切り抜く

「選択とマスク」で毛先を切り抜く

合成色のべた塗りレイヤーを作成

描画モードを「乗算」へ

べた塗りレイヤーをクリッピング

毛先のみに乗算を適用させて完成

# くわしい作り方

## ① 選択範囲を作成

Photoshopで画像を開き、レイヤー名を「モデルレイヤー」に変更します。オブジェクト選択ツールを選択し、被写体を囲むようにドラッグして選択範囲を作成します。

## ② 被写体を切り抜く

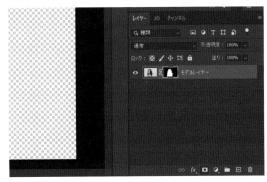

レイヤーマスクを追加アイコンをクリックし、レイヤーマスクを追加します。被写体が、選択範囲でおおまかに切り抜かれます。

## ③ 「選択とマスク」を選択

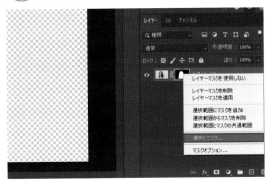

レイヤーマスクの上で右クリックし、「選択とマスク」を選択します。

## ④ 境界線調整ブラシツールを選択

境界線調整ブラシツールをクリックします。

## ⑤ 境界線調整ブラシツールで毛先をなぞる

毛先部分をドラッグします。すると、毛先の細かい選択範囲が作成されます。

## ⑥ 選択とマスクを適用させる

「OK」ボタンをクリックすると、毛先の細かい選択範囲が適用されます。

## ⑦ 背景レイヤーを作成する

調整レイヤーの追加アイコンをクリックし、「べた塗り」を選択します。色を「#ed99bf」に設定します。レイヤー名を「背景レイヤー」に変更します。

## ⑧ 背景レイヤーの順番を変更

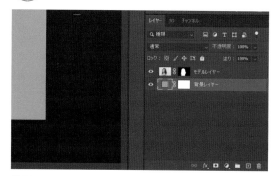

背景レイヤーをドラッグし、一番下に移動します。

## ⑨ 背景レイヤーを複製

背景レイヤーを選択し、Alt ／ option キーを押しながら一番上までドラッグします。レイヤーが複製されるので、レイヤー名を「乗算レイヤー」に変更します。

## ⑩ 描画モードを「乗算」に変更

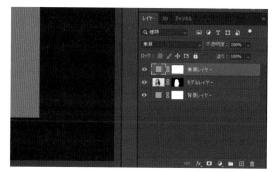

乗算レイヤーを選択した状態で、描画モードを「乗算」に変更します。

## ⑪ オプションメニューを開く

乗算レイヤーを選択し、レイヤーパネル右上のオプションメニューを開くボタンをクリックします。

## ⑫ 乗算レイヤーをクリッピング

「クリッピングマスクを作成」を選択し、クリッピングマスクを作成します。

>> Memo　ショートカットキーとして、Macの場合は Ctrl ＋ Option ＋ G キー、Windowsの場合は Ctrl ＋ Alt ＋ G キーを押して同じことができます。

⑬ 乗算レイヤーへ
レイヤーマスクを追加

乗算レイヤーのレイヤーマスクサムネイルをクリックします。

⑭ レイヤーマスクを
黒で塗りつぶす

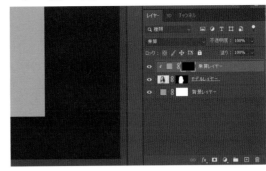

追加したレイヤーマスクを選択し、塗りつぶしツールで黒に塗りつぶします。

⑮ ソフトブラシを選択

ブラシツールを選択し、カラーを「白」、不透明度を「30%」、流量を「50%」に設定します。

⑯ 毛先の白い部分を
ソフトブラシでなぞる

乗算レイヤーのレイヤーマスクを選択し、ソフトブラシで毛先の白い部分をドラッグします。毛先の色味が濃くなれば完成です。

---

#TOPICS　跳ねた毛を消す方法

髪の毛から跳ね出てしまう短い髪がある場合は、修正を依頼されることもあります。今回の技法で毛先まできれいに切り抜いても、拡大してみるとところどころに跳ねた毛があるのがわかると思います。そのような場合はレイヤーマスクを選択し、ブラシツールのカラーを「黒」、不透明度を「100%」に設定し、跳ね出た毛の部分をドラッグすることで消すことができます。

Before

After

ここで利用した画像 ＞ Freepik：http://bit.ly/3Do3KFd

# 18 >> 描画モード「スクリーン」でできる
# レンズフレアを合成する

写真に華やかさをつけたいときは、レンズフレアの合成が効果的です。レンズフレアの合成は、日焼け止めやエステなど、女性を対象としたデザインに使われることが多いです。

### Before

### After

—💡Point—

レンズフレアを合成する際は、どの方角に光源があるのかを意識するようにしましょう。

## 作り方

画像を準備

合成画像を重ねる

描画モードメニューを開く

描画モードを「スクリーン」に変更

合成画像の不透明度を80％に

色味を調整して完成

# くわしい作り方

## ① 画像を準備

Photoshopで画像を開き、レイヤー名を「モデル」に変更します。

## ② 合成画像を開く

フレア画像を読み込んで、モデルレイヤーの上に配置します。レイヤー名を「フレア」に変更します。

## ③ 描画モードを「スクリーン」に

フレアレイヤーを選択した状態で、描画モードを「スクリーン」に変更します。

## ④ 不透明度を80%に調整

不透明度を「80%」に変更します。

## ⑤ 「カラーバランス」を選択

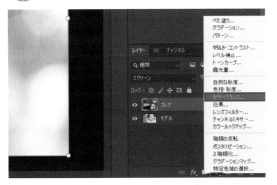

調整レイヤーアイコンをクリックし、「カラーバランス」を選択します。

## ⑥ 色味を微修正して完成

シアン〜レッドを「-27」に設定し、色味を寒色にすれば完成です。色味は、用途に応じて調整します。

ここで利用した画像
iStock：http://bit.ly/3Hf6jdD
画像ID：1359308524

Unsplash：http://bit.ly/3HkVFCp

# 太陽光を合成する

太陽光を合成すると、夏の強い日差しを想起させることができます。夏をイメージさせるデザインを行う際に効果的です。

Before

After

## 作り方

### ① 太陽光の合成画像を重ねる

Photoshopでモデルの画像を開き、その上に太陽光の画像を重ねます。

### ② 覆い焼き（リニア）加算に変更

太陽光の画像の描画モードを「覆い焼き（リニア）加算」に変更します。

### ③ 角度と大きさを調整

顔の斜め前に太陽のゴーストフレアが来るように、画像の角度とサイズを調整します。

>> Memo　ゴーストフレアとは、強い光源により光の輪や玉状のものが写る現象のことです。

### ④ 不透明度を調整して完成

不透明度を調整して完成です。

応用例

02

# 玉ボケを合成

玉ボケ画像を合成すると、キラキラとした印象にすることができます。華やかさを演出したい際に効果的です。

Before

After

## 作り方

### ① 玉ボケ画像を重ねる

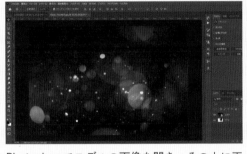

Photoshopでモデルの画像を開き、その上に玉ボケの画像を重ねます。

### ② 描画モードを「スクリーン」へ

玉ボケの画像の描画モードを「スクリーン」に変更します。

### ③ 位置やサイズを調整

玉ボケの画像がモデルの顔にかぶりすぎないように、位置やサイズを調整します。

### ④ 色味を調整して完成

調整レイヤー「色相・彩度」を追加し、色相を「-4」に変更します。グリーンが少し出れば完成です。

》 Memo　今回は少しグリーンを強めてエモーショナルなイメージに仕上げました。お好みで調整してください。

# 19 >> 「フィールドぼかし」でできる
# 花びらをぼかして合成する

花びらをぼかして合成すると、感光写真に見られるようなフィルム焼けを表現することができます。
ノスタルジックな印象を与えたい場合や、華やかさを出したい場合などに利用します。

**Before**

**After**

---`💡 Point`---

合成する花びらの色を変えることで、
印象が大きく変わります。コンセプト
に合わせて、さまざまな色の花びらを
使い分けましょう。

## 作り方

画像を準備

花びらを配置

花びらをぼかす

花びらを複製して配置

花びらの色を調整

色味を合わせて完成

# くわしい作り方

## ① モデルの画像に花びらを合成

Photoshopでモデルの画像を開き、レイヤー名を「モデル」に変更します。花びらの画像を読み込み、レイヤー名を「花びら」に変更します。

## ② 「フィールドぼかし」を選択

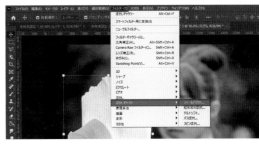

花びらレイヤーを選択した状態で、「フィルター」→「ぼかしギャラリー」→「フィールドぼかし」を選択します。

## ③ 花びらをぼかす

フィールドぼかしのぼかしを、「100px」に設定します。効果タブ内の光のボケを「20%」、ボケのカラーを「40%」に設定します。右上の「OK」をクリックして、ぼかしを適用します。

## ④ 花びら画像を複製して配置

花びらレイヤーを複製し、好みの場所に配置します。すべての花びらレイヤーを選択し、グループ化します。

## ⑤ 花びらの色味を変更

調整レイヤーアイコンをクリックし、「色相・彩度」を選択します。色相・彩度レイヤーをグループにクリッピングし、色相を「+110」に設定します。

≫ Memo　調整レイヤーのクリッピングについて、詳しくはP.193を参照してください。

## ⑥ 不透明度と色味を調整して完成

花びらのレイヤーグループの不透明度を「75%」に設定します。モデルレイヤーを選択して調整レイヤーアイコンをクリックし、「カラーバランス」を選択します。シアン〜レッドを「-20」に設定すれば完成です。

# 20 》

描画モード「乗算」でできる

# 水面の波を合成する

水面の波を合成する技法は、夏を想起させるデザインや潤いを訴求したい製品に利用すると効果的です。化粧品などを取り扱う広告デザインに使用されることが多いです。

**Before**

**After**

## Point

水面が反射する際は、強い光源が必要になります。モデルの画像に濃い影がないと違和感が出やすいので、注意が必要です。

## 作り方

① 画像を準備

② 露光量で全体を明るく

③ 水面画像を重ね描画モードを乗算へ

④ レイヤーマスクで被写体と重なった部分を少し薄める

⑤ 水面の色味と明るさを調整

⑥ モデルの色味を水面となじませて完成

# くわしい作り方

## ① 露光量を調整

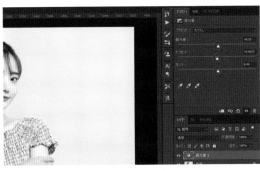

Photoshopで画像を開きます。調整レイヤーアイコンをクリックし、「露光量」を選択します。露光量を「+0.25」、オフセットを「0.0037」、ガンマを「0.96」に設定します。

## ② 水面の画像を重ねる

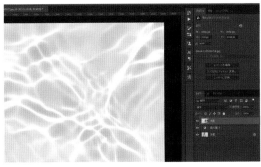

水面の画像を読み込み、レイヤー名を「水面」に変更します。

## ③ 描画モードを「乗算」に変更

水面レイヤーを選択した状態で、描画モードを「乗算」に変更します。

## ④ レイヤーマスクを追加

レイヤーマスクを追加アイコンをクリックし、水面レイヤーにレイヤーマスクを追加します。

## ⑤ モデルの選択範囲を作成

モデルのレイヤーを選択し、オブジェクト選択ツールでモデルの選択範囲を作成します。

## ⑥ 被写体と水面が重なっている部分を薄くする

水面レイヤーのレイヤーマスクを選択し、カラーを「黒」、不透明度を「40%」に設定したソフトブラシで被写体と水面が重なっている部分をドラッグし、水面の色を薄くしていきます。

## ⑦ 露光量を追加し水面画像へ クリッピング

調整レイヤーアイコンをクリックし、「露光量」を選択します。水面レイヤーに、露光量レイヤーをクリッピングします。

>> Memo　調整レイヤーのクリッピングについて、詳しくはP.193を参照してください。

## ⑧ 水面の明るさを調整

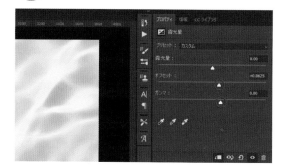

オフセットを「0.0625」、ガンマを「0.80」に設定し、水面の陰影をはっきりさせます。

## ⑨ カラーバランスを追加し 水面画像へクリッピング

調整レイヤーアイコンをクリックし、「カラーバランス」を選択します。水面レイヤーに、カラーバランスレイヤーをクリッピングします。

## ⑩ 水面画像の色味を調整

シアン〜レッドを「-58」、イエロー〜ブルーを「+36」に設定し、水面の色味を鮮やかにします。

## ⑪ カラーバランスを追加

モデルのレイヤーを選択します。調整レイヤーアイコンをクリックし、「カラーバランス」を選択します。

## ⑫ モデルの色味を 水面となじませて完成

シアン〜レッドを「-10」、イエロー〜ブルーを「+10」に設定し、水面とモデルの色味を合わせれば完成です。

 iStock：https://bit.ly/3p2Wdag
画像ID：1340634872

Freepik：http://bit.ly/3Rd4lza
画像ID：1145414738

応用例

# 商品に水面の波を合成する

モデルと水面画像を合成するほかに、商品と水面画像を合成することもあります。ここでは、商品と水面画像の合成方法について解説します。

Before

After

## 作り方

### ① 水面の画像を重ねる

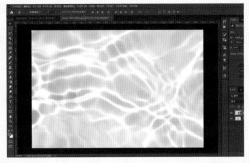

Photoshopで商品画像を開き、水面の画像を重ねます。

### ② 水面の画像を重ねて描画モードを乗算へ

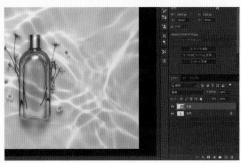

描画モードを「乗算」に変更し、水面の画像を商品画像に合成します。

### ③ レイヤーマスクを追加

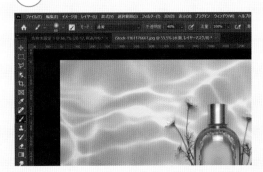

水面画像と重なっている部分の商品の色味が少し暗くなっているので、レイヤーマスクを追加し、カラー「黒」、不透明度「40％」のソフトブラシでドラッグし、商品を引き立てていきます。

### ④ 色味を調整して完成

調整レイヤーアイコンから「カラーバランス」を選択し、水面画像にカラーバランスレイヤーをクリッピングします。水面画像の色味を調整すれば完成です。

# 21 》描画モード「焼き込み（リニア）」でできる 影を合成する

写真に影を合成すると、ストーリーや雰囲気を醸し出すことができます。夏っぽさや、涼しげな印象を与えたいときに効果的です。モデルを起用した制作で使われることが多いです。

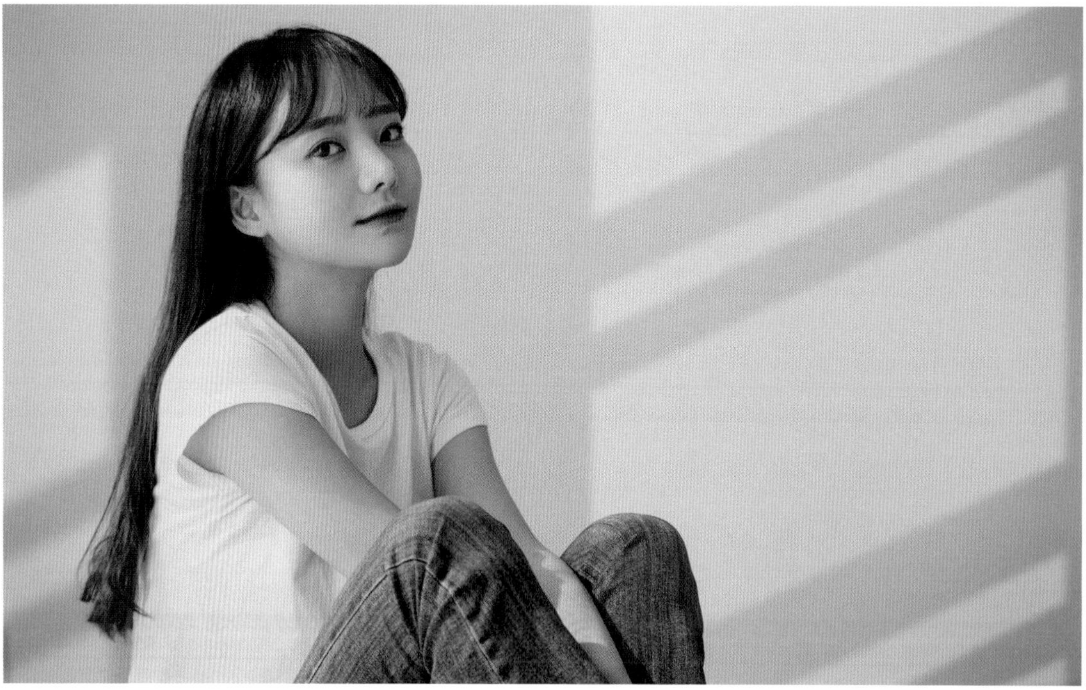

Before

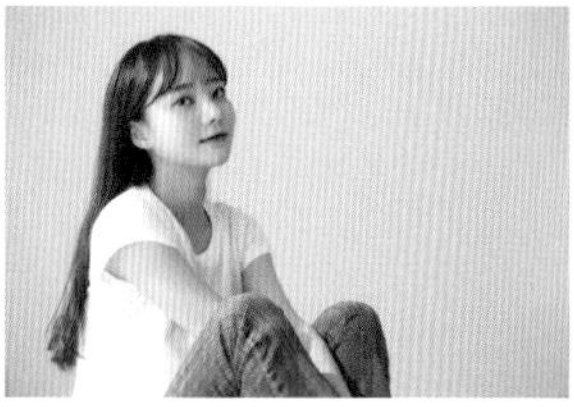

After

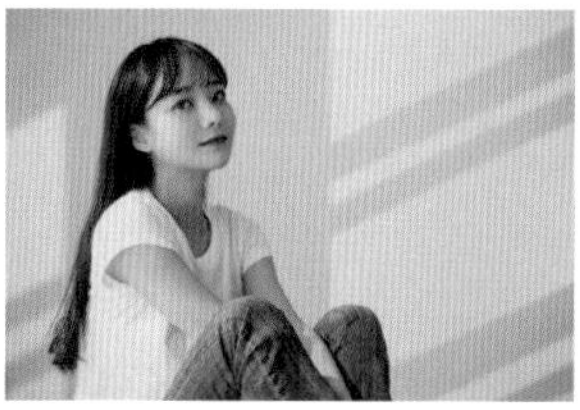

**Point**

合成する影の画像は、壁などが背景にある画像を選びましょう。背景がないと、合成が不自然に見えやすいので注意が必要です。

## 作り方

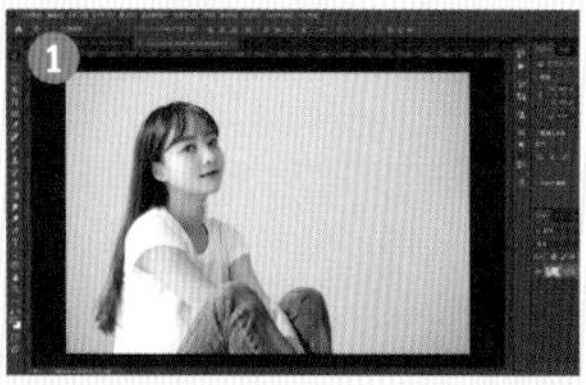

1 画像を準備

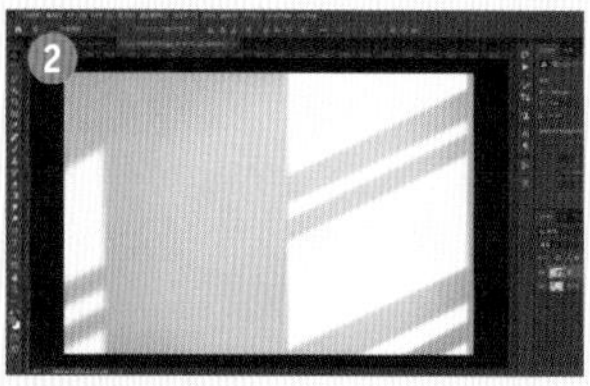

2 影の画像を重ねる

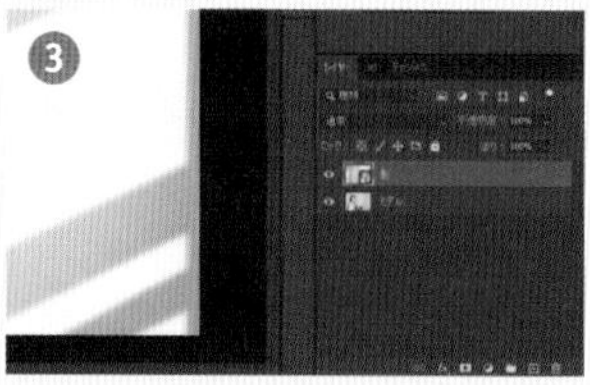

3 描画モードを「焼き込み（リニア）」へ

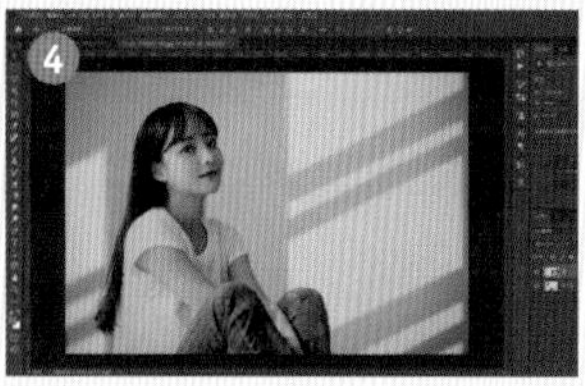

4 影の画像が合成された

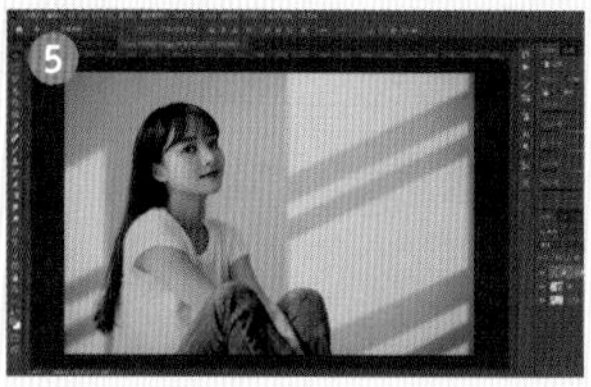

5 影の画像を白黒にしてクリッピングする

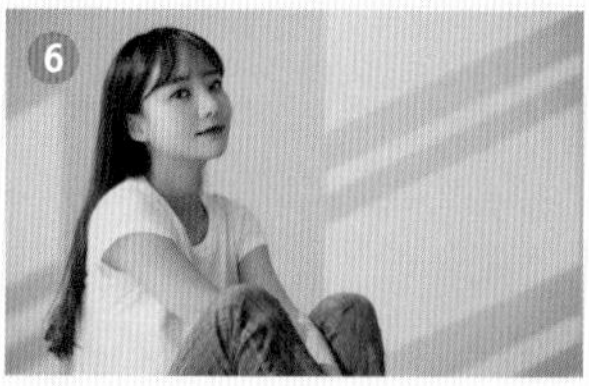

6 不透明度を調整して完成

# くわしい作り方

## ① モデルと影の画像を準備

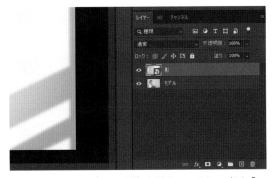

Photoshopでモデルの画像を開き、レイヤー名を「モデル」に変更します。影の画像（ここでは180度反転して使用しています）を読み込み、レイヤー名を「影」に変更します。

## ② 「焼き込み（リニア）」に変更

影レイヤーを選択した状態で、描画モードを「焼き込み（リニア）」に変更します。

## ③ 「白黒」を選択する

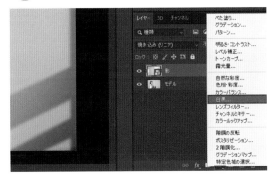

調整レイヤーアイコンをクリックし、「白黒」を選択します。

## ④ 全体がモノクロに変更された

白黒レイヤーが追加され、全体がモノクロになります。

## ⑤ 影レイヤーへ白黒レイヤーをクリッピングする

P.193の方法で、影レイヤーに白黒レイヤーをクリッピングします。影だけが白黒になります。

## ⑥ 不透明度を調整して完成

影レイヤーを選択し、不透明度を「50%」に設定すれば完成です。

ここで利用した画像 ＞ iStock：http://bit.ly/3kTIVLl
画像ID：1330357143

Freepik：http://bit.ly/3HCr0AH

応用例

# 植物の影を合成する

植物の影を合成することで、静かで穏やかな雰囲気を表現することができます。落ちついたデザインを実現したい場合におすすめです。

Before

After

## 作り方

### ① 画像を準備

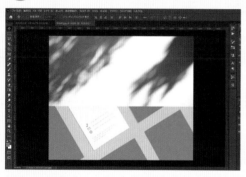

Photoshopでベースとなる画像を開き、影の画像を重ねます。

### ② 描画モードを「焼き込み(リニア)」へ

影の画像の描画モードを「焼き込み(リニア)」へ変更します。

### ③ 影の不透明度を変更

影の不透明度を「30%」に変更します。

### ④ レイヤーマスクで境界線を消して完成

合成した影の切れ目が目立つので、レイヤーマスクを追加して影のエッジをソフトブラシでなぞれば完成です。

Chapter

3

ほんの一手間でプロっぽくなる

# 「商品レタッチ・合成」の
# 小ワザ

# 22 >> 調整レイヤーでできる
# 商品の見栄えを整える

スチール撮影では、レタッチの幅を広げるために少し暗めに撮影されることがよくあります。提供された画像データは、そのまま使用するのでなく、明るく鮮やかにするレタッチを行います。

Before  → After

## ─ Point

明るさや色彩を上げすぎると、不自然で安っぽく見えてしまう場合があります。本来の商品と色味が大きく変わりすぎない範囲でレタッチしましょう。

## 作り方

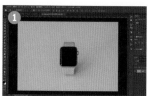
画像を準備

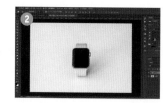
レベル補正で明るくする

トーンカーブで明るさの微調整

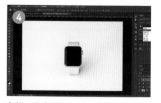
色相・彩度でレッドを選択

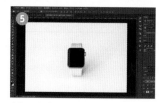
色相・彩度で色味を調整

完成

# くわしい作り方

## ① レベル補正を追加

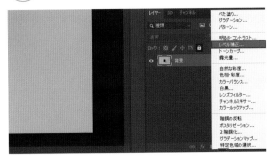

Photoshopで画像を開きます。調整レイヤーアイコンをクリックし、「レベル補正」を選択します。

## ② レベル補正で全体を明るくする

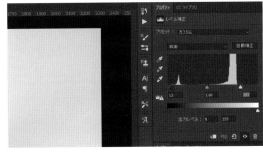

左にある黒い矢印を「13」、右にある白い矢印を「207」に調整し、全体を明るくします。

## ③ トーンカーブで明るさを微調整

調整レイヤーアイコンをクリックし、「トーンカーブ」を選択します。②では調整しきれなかった明るさの微調整を行います。

## ④ 色相・彩度を追加

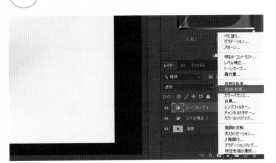

調整レイヤーアイコンをクリックし、「色相・彩度」を選択します。

## ⑤ 色味の系統をレッド系に変更

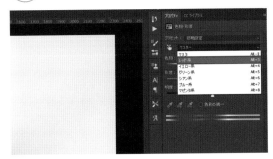

「マスター」から「レッド系」を選択し、色味をピンポイントで編集できるようにします。

>> Memo　レタッチする商品の色味によって、色味の系統を使い分けましょう。

## ⑥ レッド系の色味を微調整して完成

色相を「-7」、彩度を「-7」に調整し、実際の商品の色に色味を近づければ完成です。

>> Memo　「色相・彩度」の調整は、商品の色が実物の色からかけ離れてしまった場合に行います。

ここで利用した画像 ＞ Unsplash：http://bit.ly/3xv9Xff

# 23 ≫ 楕円形ツールでできる
# 商品を滑らかに切り抜く

商品写真を切り抜くことは、余計な情報を削り、商品の目立たせたい場所に目が留まりやすくする効果があります。ここでは、料理の写真を楕円形のオブジェクトで切り抜く方法をご紹介します。

**Before**  **After**

## ─ Point ─
商品を切り抜く際は、レイヤーマスクを活用します。切り抜き部分を、後から微調整することができます。

## 作り方

① 画像を準備

② 皿と同じ大きさの楕円形を作る

③ ワープを選択

④ ワープで皿の形に楕円形を合わせる

⑤ 楕円形と同じ選択範囲を作成する

⑥ レイヤーマスクで皿を切り抜き完成

# くわしい作り方

## ① 皿と同じ大きさの楕円形を作成

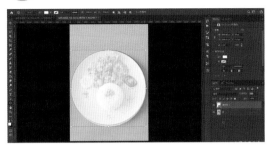

Photoshopで画像を開き、レイヤー名を「皿」に変更します。楕円形ツールを選択し、皿と同じくらいの大きさの楕円形を作成し、不透明度を「70%」に変更します。

## ② ワープを選択

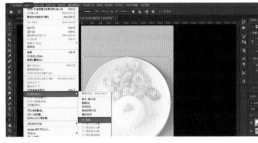

楕円形レイヤーが選択された状態で、「編集」→「変形」→「ワープ」を選択します。

≫ Memo ┃ ワープは、ドラッグ操作でオブジェクトを自在に変形させる機能です。

## ③ ワープで楕円の形を皿に合わせる

皿と楕円形がきちんと重なるように、ドラッグ操作で楕円形の大きさを調整します。問題なければ、Enter キーを押します。

## ④ 楕円形の形で選択範囲を作成

Ctrl ／ command キーを押しながら、楕円形レイヤーのサムネイル部分をクリックします。すると、楕円形と同じ形の選択範囲が作成されます。楕円形は不要なので、非表示もしくは削除します。

## ⑤ 皿レイヤーを切り抜く

皿レイヤーを選択し、レイヤーマスクを追加アイコンをクリックします。レイヤーマスクで皿が切り抜かれます。

## ⑥ 切り抜き範囲を微調整して完成

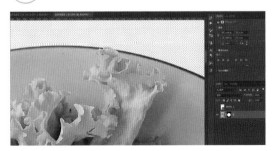

今回の画像の場合、右上のレタスが切り取られすぎています。カラー「白」、不透明度「100%」のソフトブラシでレイヤーマスクをなぞり、切り取りすぎたレタスの部分を元に戻して完成です。

ここで利用した画像 ＞ Unsplash：http://bit.ly/3XmyVb5

# 24 » オブジェクトの複製でできる
# 鏡面反射を取り入れる

「鏡面反射」は、美容用品や精密機械、車などのデザインでよく使われる技法です。鏡面反射を取り入れることで、高級感を表現することができます。

**Before**

**After**

---💡Point ---

鏡面反射を表現する際は、不透明度を落とすだけではなく、オブジェクトを半分ほどグラデーションで消すとよりリアルに見えます。

## 作り方

① 選択範囲を作成

② オブジェクトを複製する

③ 複製オブジェクトの上下を反転させる

④ レイヤーマスクを追加

⑤ グラデーションツールで半分透明に

⑥ 不透明度を40%に調整して完成

# くわしい作り方

## ① 選択範囲を作成する

Photoshopで画像を開きます。「選択範囲」→「被写体を選択」を選択し、オブジェクトの選択範囲を作成します。

## ② オブジェクトを複製する

[Ctrl]／[command]＋[C]→[Ctrl]／[command]＋[V]キーを押して、選択範囲内のオブジェクトを複製します。

## ③ 複製オブジェクトを反転させて配置する

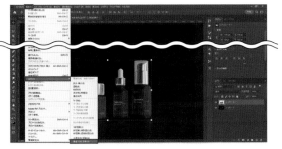

複製したオブジェクトを選択した状態で「編集」→「変形」→「垂直方向に反転」を選択し、上下を反転させます。

## ④ レイヤーマスクを追加

[Shift]キーを押しながら垂直下方向にドラッグし、商品ときれいに重なるように移動させます。複製レイヤーを選択し、レイヤーマスクを追加アイコンをクリックし、レイヤーマスクを追加します。

## ⑤ 映り込み部分を半分消す

リアルな映り込みを表現するため、レイヤーマスクを選択した状態でグラデーションツールを選択します。グラデーションは白と黒を選択し、複製オブジェクトの下側をグラデーション状に消します。

## ⑥ 不透明度を調整して完成

複製レイヤーを選択し、不透明度を「40%」に調整すれば完成です。

>> Memo　不透明度が高いほど鏡のような質感に、低いほどマットな質感になります。

ここで利用した画像 ＞ Unsplash：http://bit.ly/3Xme5sm

# 25 オブジェクトの複製＋ぼかしでできる
# 透明感のある影をつける

透明感のある影の合成は、ガラスやボトルといった内容物が透けて見える被写体に使うと効果的です。
影はドロップシャドウではなく、被写体を複製してぼかすことでより魅力的に見せることができます。

Before

After

—💡Point—
商品を少し斜めに配置することで、影の合成が自然になり、動きのある表現になります。

## 作り方

被写体の選択範囲を作成

レイヤーマスクで被写体を切り抜き

被写体を傾け背景を作成

被写体を複製し影になるように配置

影をぼかす

色調補正して完成

# くわしい作り方

## ① 被写体の選択範囲を作成

Photoshopで商品画像を開き、レイヤー名を「ボトル」に変更します。オブジェクト選択ツールで、選択範囲を作成します。

## ② レイヤーマスクで被写体を切り抜く

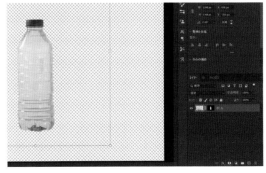

レイヤーマスクを追加アイコンをクリックし、レイヤーマスクを追加します。被写体が切り抜かれます。

## ③ 被写体を少し傾かせる

「編集」→「変形」→「回転」の順に選択し、被写体を右に「8度」ほど傾けます。少し傾けることで、自然な影をつけやすくします。

## ④ べた塗りを選択

調整レイヤーアイコンをクリックし、「べた塗り」を選択します。

## ⑤ べた塗りレイヤーで背景を作成

べた塗りレイヤーの色を「#f4f5f5」に設定します。べた塗りレイヤーの重ね順を、一番下に移動します。

## ⑥ 被写体を複製

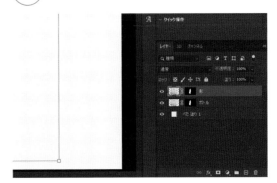

ボトルレイヤーを選択し、Ctrl / command + C → Ctrl / command + V キーでレイヤーを複製します。複製したレイヤーの名前を、「影」に変更します。

## ⑦ 影になるように配置

影レイヤーを、ボトルレイヤーの下に移動します。ボトルの影になるように、影レイヤーのボトルの位置を移動します。

## ⑧ ぼかし（ガウス）を選択

影レイヤーを選択した状態で、「フィルター」→「ぼかし」→「ぼかし（ガウス）」の順に選択します。

## ⑨ 影をぼかす

半径を「7pixel」に設定し、「OK」をクリックします。

## ⑩ 露光量を選択

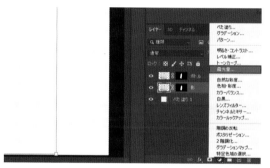

影レイヤーを選択した状態で調整レイヤーアイコンをクリックし、「露光量」を選択します。

## ⑪ 影の明るさを上げる

露光量を「＋0.34」に変更します。P.193の方法で、影レイヤーに露光量レイヤーをクリッピングします。

## ⑫ ボトルの明るさを上げて完成

ボトルレイヤーを選択して調整レイヤーアイコンをクリックし、「露光量」を選択します。露光量を「＋0.20」、ガンマを「0.81」に変更します。P.193の方法で、ボトルレイヤーに露光量レイヤーをクリッピングして完成です。

ここで利用した画像 ＞ Unsplash：http://bit.ly/3DXrCQl

# 透明感のある影の引き出し

透明感のある影をうまく使うと、被写体の立体感や質感が明確になり、合成のリアリティを高めることができます。ここでは、様々な被写体のバリエーションを見ていきましょう。

## 1 》 化粧品に影を合成

化粧水などの容器に透明感のある影を合成すると、みずみずしさや華やかさを表現することができます。

Before　　　　　After

① Ctrl / command + C → Ctrl / command + V で被写体を複製

② 背景を作成（背景色：#f2fbff）

③ 影をガウスでぼかす（半径：10 pixel）

④ 影の不透明度を変更して完成（不透明度：70%）

## 2 》 清涼飲料に影を合成

清涼飲料に透明感のある影を合成すると、夏の日差しや部活終わりのようなストーリーを表現することができます。

Before　　　　　After

① Ctrl / command + C → Ctrl / command + V で被写体を複製

② 複製画像を影になるように配置して影をぼかす

③ ソフトブラシで影の色が入りすぎている部分を塗りつぶす

④ 露光量で明るさを調整して完成

# 26 》 描画モード「オーバーレイ」でできる
# 屈折光を合成する

屈折光の合成は、美容用品の広告でよく目にする技法の1つです。虹色の屈折光は彩りとしても鮮やかで、女性に目に留めてもらう効果を期待できます。

Before

After

---☀️ Point ---

屈折光を合成する際は、被写体の影が向いている方向に光の方向を合わせると自然な仕上がりになります。

## 作り方

① 画像を準備

② 元画像に屈折光の画像を重ねる

③ 屈折光の描画モードをオーバーレイに

④ 屈折光の大きさを調整

⑤ 屈折光の不透明度を90%に

⑥ 色味を微調整して完成

# くわしい作り方

## ① 屈折光の画像を重ねる

Photoshopで商品画像を開き、レイヤー名を「被写体」に変更します。屈折光の画像を重ね、レイヤー名を「屈折光」に変更します。

## ② オーバーレイに変更して背景を透かす

屈折光レイヤーを選択した状態で、描画モードを「オーバーレイ」に設定します。屈折光の、光の部分以外の場所が透けます。

## ③ 屈折光レイヤーのサイズと位置を調整

「編集」→「変形」→「拡大・縮小」の順に選択し、屈折光のサイズと位置を調整します。

## ④ 不透明度を下げる

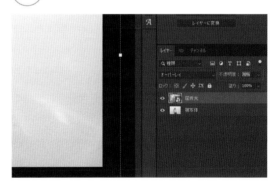

屈折光が目立ちすぎるため、屈折光レイヤーを選択した状態で、不透明度を「70%」に変更します。

## ⑤ カラーバランスを選択

調整レイヤーアイコンをクリックし、「カラーバランス」を選択します。

## ⑥ 色味を微調整して完成

シアン〜レッドを「+30」、マゼンタ〜グリーンを「-14」に変更し、全体の色味をピンクに整えれば完成です。

ここで利用した画像 ＞ Unsplash：http://bit.ly/3XmehI6

iStock：http://bit.ly/3ljaOfT
画像ID：1305454284

# 27 ≫ 波紋を合成する

描画モード「焼き込み（リニア）」でできる

波紋の合成は、化粧品やコンタクトレンズ、目薬など、潤いが売りの商品広告などで多く使われる技法です。また、防水の商品などに利用されることもあります。

**Before**

**After**

## Point

波紋の中心に商品を配置すると、ユーザーの目線を商品へ自然に誘導することができます。

## 作り方

画像を準備

波紋画像を重ねる

描画モードを焼き込み（リニア）に

波紋と商品の重なった部分をレイヤーマスクで切り抜く

波紋画像の色味を調整

全体の色味を調整して完成

# くわしい作り方

## ① 波紋画像を重ねて合成

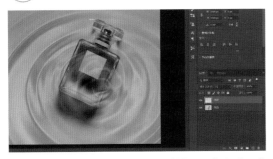

Photoshopで商品画像を開き、波紋の画像を重ねます。波紋レイヤーを選択し、描画モードで「焼き込み（リニア）」を選択し、波紋画像を合成します。

## ② 商品と波紋レイヤーの重なった部分を消す

波紋レイヤーを選択した状態でレイヤーマスクを追加アイコンをクリックし、レイヤーマスクを追加します。カラー「黒」のブラシツールで商品をなぞり、波紋と商品が重なった部分を消していきます。

## ③ 波紋の明るさを調整

波紋レイヤーを選択した状態で調整レイヤーアイコンをクリックし、「露光量」を選択します。露光量を「＋0.30」、オフセットを「＋0.0478」に調整します。

## ④ 波紋レイヤーへクリッピング

P.193の方法で、波紋レイヤーに露光量レイヤーをクリッピングします。

## ⑤ 波紋の色味を調整

波紋レイヤーを選択して調整レイヤーアイコンをクリックし、「カラーバランス」を選択します。シアン〜レッドを「-50」、イエロー〜ブルーを「＋50」に調整し、P.193の方法で波紋レイヤーにクリッピングします。

## ⑥ 全体の色味を調整して完成

⑤と同様の手順で「カラーバランス」を追加し、シアン〜レッドを「-15」に調整して完成です。

ここで利用した画像 ＞ Unsplash：http://bit.ly/3K50YIO

フォトAC：http://bit.ly/3HSzseS
画像ID：23253222

# 28 >> 素材の質感を表現する
# テクスチャを合成する

テクスチャの合成は、コスメ用品のデザインによく使われる技法です。商品画像では伝わりにくい素材の質感を表現することで、商品の利用イメージを想起させ、購買行動へつなげる効果を期待できます。

**Before**

**After**

---

### 💡 Point

主役はあくまでも商品です。テクスチャは、商品の後ろや横に添える程度に配置するようにしましょう。

---

 作り方

① 画像を準備

② レイヤーマスクで商品を切り抜く

③ 背景を作成

④ テクスチャを配置

⑤ テクスチャの白背景を消す

⑥ テクスチャの色を合わせて完成

# くわしい作り方

## ① 選択範囲を作成

Photoshopで商品画像を開き、レイヤー名を「商品」に変更します。オブジェクト選択ツールで、商品の選択範囲を作成します。

## ② レイヤーマスクで商品を切り抜く

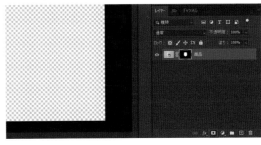

レイヤーマスクを追加アイコンをクリックし、レイヤーマスクで商品画像を切り抜きます。商品を中央に配置し、サイズを調整します。

## ③ 背景を作成

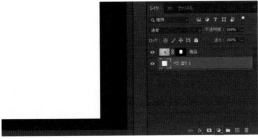

調整レイヤーアイコンをクリックし、「べた塗り」を選択します。「べた塗り」レイヤーを、1番下に移動します。

>> Memo　ここでは、べた塗りの色を「#f1f8ff」に設定しています。

## ④ テクスチャを配置

テクスチャの画像を追加します。テクスチャのレイヤーを商品レイヤーの下に移動し、レイヤー名を「テクスチャ」に変更します。

## ⑤ テクスチャの白背景を消す

テクスチャレイヤーをダブルクリックします。「レイヤー効果」→「ブレンド条件」→「このレイヤー」の白いつまみを、「243」に調整します。「OK」をクリックします。

## ⑥ テクスチャの色味を合わせて完成

調整レイヤーアイコンをクリックし、「色相・彩度」を選択します。色相を「+9」、彩度を「+11」に調整します。P.193の方法で、色相・彩度レイヤーをテクスチャレイヤーにクリッピングして完成です。

応用例

# 01 利用部位＋テクスチャを合成

商品の魅力を伝え購買へつなげる際は、商品の利用シーンをイメージさせる画像とテクスチャを合成することも効果的です。

Before

After

## 作り方

### ① 口紅を切り抜く

オブジェクト選択ツールで商品を切り抜き、べた塗りレイヤーで背景色をつけます。

### ② テクスチャを合成

商品の後ろにテクスチャを配置し、テクスチャレイヤーをダブルクリックします。「レイヤー効果」→「ブレンド条件」→「このレイヤー」の白いつまみを調整し、背景を透かします。

### ③ 口紅とテクスチャの色を合わせる

テクスチャレイヤーに色相・彩度レイヤーをクリッピングし、彩度を「＋7」に調整して色味を合わせます。

### ④ 唇の画像を横に添えて完成

商品の横に唇の画像を添えれば完成です。

応用例
02

# 花＋テクスチャを合成

花や植物の画像とテクスチャの合成は、商品の使用素材や香りを想起させることができます。コスメ用品との相性がよい素材です。

Before

After

## 作り方

---

① **商品を切り抜く**

オブジェクト選択ツールで商品を切り抜きます。

② **テクスチャを合成**

①と同様の手順でテクスチャを切り抜きます。

③ **花の画像を背景を配置**

花画像を開き、商品レイヤーの下に配置します。

④ **影をつけて完成**

商品とテクスチャにドロップシャドウで影をつければ完成です。

091

# 29 >> 粘度の高い雫を合成する

有効な美容成分を表現する

粘度の高い雫の合成は、美容パックや美容液などの美容商品のデザインに使われることがあります。商品に美容成分が多く含まれていることを想起させたい場合に効果的です。

**Before**

**After**

### Point

滴る水滴は、1つではなく複数にすると商品から美容成分が溢れ出しているようなイメージを想起させやすくなります。

## 作り方

① フェイスマスクを切り抜く

② 背景色をつける

③ 雫を重ねる

④ 雫の色を白に調整

⑤ 白のソフトブラシでフェイスマスクと雫の境界線をなじませる

⑥ ドロップシャドウをつけて完成

# くわしい作り方

## ① レイヤー名を変更

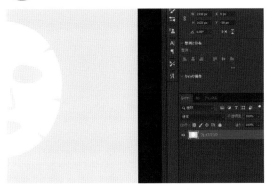

Photoshopでフェイスマスクの画像を開き、レイヤー名を「フェイスマスク」に変更します。

## ② 色域指定を選択

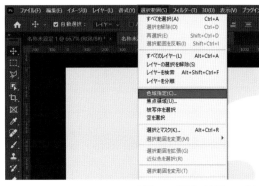

フェイスマスクレイヤーを選択し、「選択範囲」→「色域指定」の順に選択します。

## ③ フェイスマスクの選択範囲を作成

フェイスマスク画像の白い部分をクリックし、許容量を「20」に設定して「OK」をクリックします。フェイスマスクの選択範囲が作成されます。

## ④ フェイスマスクを切り抜く

Ctrl / command + C → Ctrl / command + V キーを押し、フェイスマスクを切り抜きます。不要になったフェイスマスクの画像は非表示にするか削除します。

## ⑤ 不透明度を80%に調整

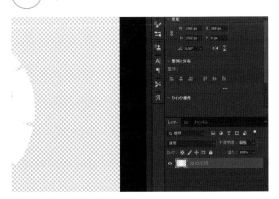

切り抜いたフェイスマスクレイヤーを選択し、不透明度を「80%」に調整します。

## ⑥ べた塗りを選択

調整レイヤーアイコンをクリックし、「べた塗り」を選択します。

## ⑦ べた塗り背景を設定

べた塗りレイヤーの色を「#ffdede」に設定します。
べた塗りレイヤーを、フェイスマスクレイヤーの下
に移動します。

## ⑧ 雫の画像を重ねる

雫の画像を重ね、レイヤー名を「雫」に変更します。
フェイスマスクの顎の部分に配置します。

## ⑨ 色相・彩度を追加

調整レイヤーアイコンをクリックし、「色相・彩度」
を選択します。

## ⑩ 色相・彩度をクリッピング

P.193の方法で、色相・彩度レイヤーを雫レイヤー
にクリッピングします。

## ⑪ 雫の色味を調整

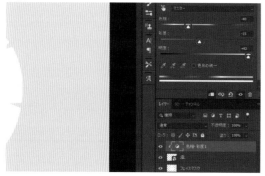

「色相・彩度」で色相を「-40」、彩度を「-15」、明度
を「+92」に調整し、美容液の色味を表現します。

## ⑫ 新規レイヤーを追加

新規レイヤーを作成アイコンをクリックし、一番上
にレイヤーを追加します。このレイヤーを使って、
雫レイヤーの境界線をなじませます。

## ⑬ 雫レイヤーの境界線をなじませる

ブラシツールを選択し、色を「#fef7f7」、不透明度を「100%」に設定します。フェイスマスクと雫の境界線をなぞるようにドラッグして、境界線をなじませます。

## ⑭ レイヤーをグループ化

べた塗りレイヤー以外のすべてのレイヤーを選択し、新規グループを作成アイコンをクリックしてグループ化します。

## ⑮ ドロップシャドウを選択

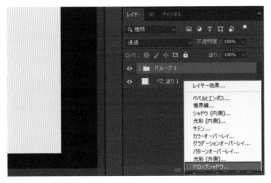

グループ化したグループレイヤーを選択した状態で、レイヤースタイルを追加アイコンをクリックし、「ドロップシャドウ」を選択します。

## ⑯ ドロップシャドウをつけて完成

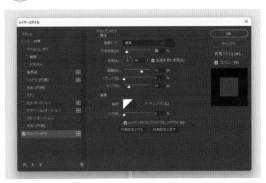

色「#b90b0b」、不透明度「10%」、角度「120度」、距離「75px」、スプレッド「0%」、サイズ「30」に設定し、「OK」をクリックすれば完成です。

---

### #TOPICS　粘度の高い雫画像の探し方

雫の画像を探す際は、素材サイトで「ハチミツ」「オイル しずく」「美容液 しずく」などのキーワードで検索するのがおすすめです。以下は、それぞれのキーワードで検索した際の検索結果です。案件や用途に合わせて、検索キーワードを変えながら探してみてください。

ハチミツ (Freepik)

オイル しずく (iStock)

美容液 しずく (iStock)

---

ここで利用した画像
iStock：http://bit.ly/3RVcQPO
画像ID：1205106679

Freepik：http://bit.ly/3HNySiQ

# 30 ≫ 水滴を合成する

果汁や成分を表現する

果汁や成分を表現したい場合は、被写体に水滴を合成する技法が効果的です。飲料水や美容用品のデザインのあしらいとして利用されることも多く、ビジュアルで商品の強みや魅力を訴求できます。

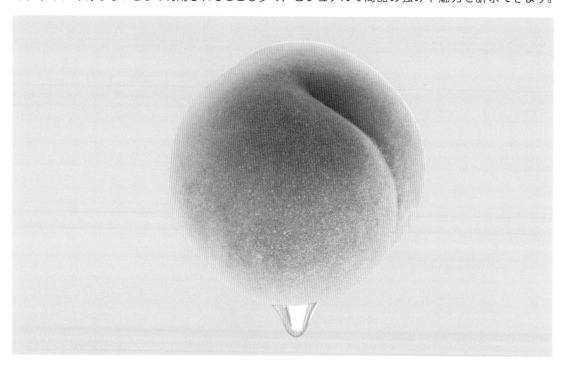

**Before**

**After**

-💡- Point

本来の色味では果物の魅力が伝わりにくい場合もあるため、色味を少しオーバー気味に補正するのも1つの方法です。

## 作り方

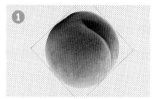

① ももの画像を切り抜き角度を調整

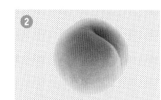

② ももの色味を調整

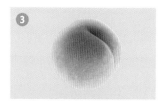

③ 背景色を敷く

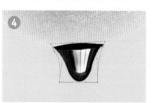

④ ももと水滴の画像を合わせる

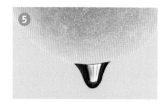

⑤ 水滴を成形してなじませる

⑥ 水滴の色味を調整して完成

# くわしい作り方

## ① ももの選択範囲を作成

Photoshopで画像を開き、レイヤー名を「もも」に変更します。オブジェクト選択ツールでドラッグし、ももの選択範囲を作成します。

## ② ももの画像を切り抜く

レイヤーマスクを追加アイコンをクリックし、画像を切り抜きます。追加したレイヤーマスクの上で右クリックし、「レイヤーマスクを適用」を選択します。

## ③ ももの角度を調整

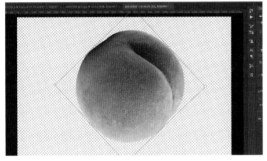

「編集」→「変形」→「回転」の順に選択し、もものへたが下になるように角度を調整します。

## ④ 全体を明るく調整

調整レイヤーアイコンをクリックし、「レベル補正」を選択します。画面を参考に、つまみを調整します。ももの影の部分を白くするため、いったん全体を明るくします。

## ⑤ 調整レイヤーをクリッピング

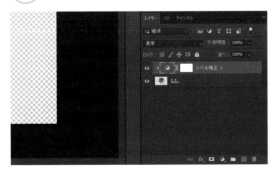

P.193の方法で、レベル補正レイヤーをももレイヤーにクリッピングします。

## ⑥ レイヤーマスクを黒で塗りつぶす

レベル補正レイヤーのレイヤーマスクサムネイルをクリックします。塗りつぶしツールで黒に塗りつぶし、レベル補正の効果を隠します。

## ⑦ ももの黒い影を消す

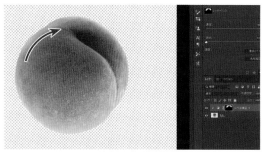

ブラシツールを選択し、不透明度「100%」、カラー「白」のソフトブラシで、ももの影の部分をドラッグしてなぞります。なぞった部分にマスクが適用され、④で白くした部分が見えてきます。

## ⑧ もも全体のフチを白くする

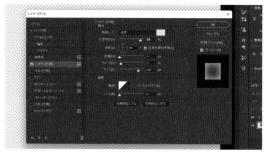

ももレイヤーを選択します。レイヤースタイルを追加アイコンをクリックし、「シャドウ（内側）」を選択します。色「#ffe1e4」、不透明度「85％」、距離「0」、チョーク「5%」、サイズ「185px」に設定し、⑦では消せなかった影をさらに隠します。

## ⑨ ももの色をやさしいピンクへ

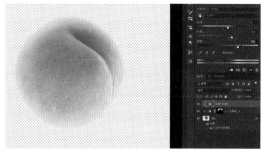

調整レイヤーアイコンをクリックし、「色相・彩度」を選択します。彩度「＋13」、明度「＋33」に設定します。P.193の方法で、色相・彩度レイヤーをももレイヤーにクリッピングします。ももの色が、やさしいピンクに変更されます。

## ⑩ もものピンクを強調

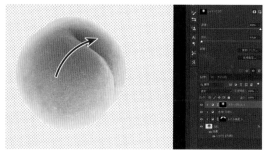

調整レイヤーアイコンをクリックし、「カラーバランス」を選択します。レッドを「＋93」、マゼンタを「-22」に設定します。⑥の手順でカラーバランスを非表示にし、白の不透明度100%のソフトブラシでももの中心より少し上の部分をドラッグし、ピンクで強調します。

## ⑪ レイヤーをグループ化

今までに作成したレイヤーをすべて選択し、新規グループを作成アイコンをクリックしてグループ化します。グループ名を「もも」に変更します。

## ⑫ 背景を追加

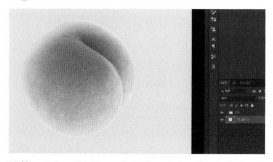

調整レイヤーアイコンをクリックし、「べた塗り」を選択します。色を「#aee9ff」に設定し、レイヤーをももグループの下に移動します。

## ⑬ 水滴のパスを作成

水滴の画像を開き、レイヤー名を「水滴」に変更します。ペンツールを選択し、左上のプルダウンメニューが「パス」になっていることを確認して、水滴のパスを作成します。

## ⑭ 水滴を切り抜く

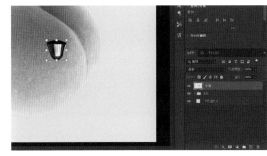

パスができたら右クリックし、「選択範囲を作成」→ぼかし半径「0.5pixel」→「OK」の順に選択し、選択範囲を作成します。②と同様の方法で、水滴を切り抜きます。

## ⑮ 水滴を合成

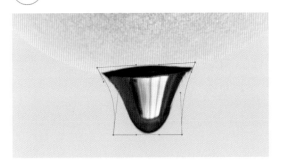

水滴をももの下に配置し、「編集」→「変形」→「ワープ」を選択します。水滴の形を扇状に変形して、自然な水滴のように合成します。

## ⑯ 境界線をなじませる

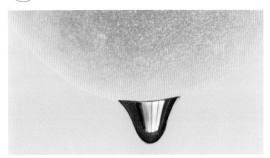

水滴レイヤーが選択された状態で、レイヤーマスクを追加アイコンをクリックします。レイヤーマスクが追加されるので、ももと水滴の境界線をカラー「黒」、不透明度「100%」のソフトブラシでドラッグし、なじませます。

## ⑰ 水滴の透明度を出す

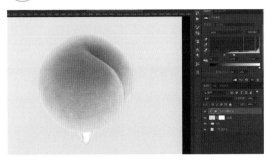

調整レイヤーアイコンをクリックし、「レベル補正」を選択します。P.193の方法で水滴レイヤーにクリッピングし、黒「0」、中間「0.75」、白「123」、出力レベル「200:255」に設定し、水滴の透明度を出します。

## ⑱ 水滴の色味を調整して完成

調整レイヤーアイコンをクリックし、「カラーバランス」を選択します。水滴レイヤーにクリッピングし、シアン〜レッド「＋90」、マゼンタ〜グリーン「-70」に設定して完成です。

ここで利用した画像 ＞ food-foto：http://bit.ly/3DXk4gk
画像ID：fd401104

フォトAC：http://bit.ly/3xeHWZc
画像ID：3522306

# 水しぶきの合成

水しぶきの合成は新鮮でフレッシュな印象を与えるため、飲料関連のデザインで使われることの多い技法です。

Before

After

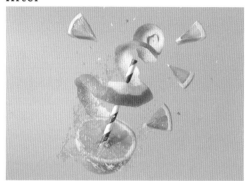

## 作り方

### ① 水しぶきを切り抜く

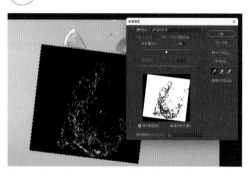

水しぶき画像を配置した後、「選択範囲」→「色域指定」をクリックし、レイヤーマスクで黒い部分を切り抜きます。

### ② 水しぶきのコントラストを下げる

黒のコントラストが高いため、「色相・彩度」を追加し、彩度「+98」、明度「+27」に設定してクリッピングします。

### ③ 水しぶきの明るさを上げる

露光量を追加し、露光量「+0.63」、オフセット「+0.0876」、ガンマ「1.48」に設定してクリッピングします。

### ④ 色味をオレンジにして完成

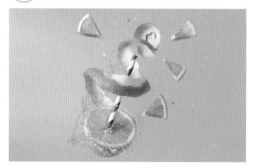

#ff6c00のべた塗りを追加してクリッピングします。その後、描画モードを「ハードライト」に設定し、不透明度を「80%」に調整すれば完成です。

Chapter

# 4

ほんの一手間でプロっぽくなる

# 「文字デザイン」の
# 小ワザ

# 31 >> 権威性を感じさせる金文字

「グラデーションオーバーレイ」でできる

金文字は、受賞や権威性のある商品を訴求するときに効果的です。左右に月桂冠をあしらうことで、より権威的なイメージを演出することができます。

**Before**

▶

**After**

---

### ─ ़ Point ─

アイキャッチとしてレンズフレアを一緒にあしらうと、ユーザーの目線を誘導しやすくなります。あしらう際は、文字の端にそっと配置すると自然に見えます。

## 作り方

① 紺背景に文字を入力

▶

② 月桂冠をあしらう

▶

③ グラデーションオーバーレイを適用

④ ベベルとエンボスを適用

▶

⑤ フレア画像をあしらう

▶

⑥ フレア画像の黒を透過させて完成

# くわしい作り方

## ① 「グラデーションで塗りつぶし」を選択

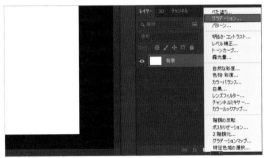

Photoshopで調整レイヤーアイコンをクリックし、「グラデーションで塗りつぶし」を選択します。

## ② 背景を作成

グラデーションカラー「0%：#030000」「50%：#00153e」「100%：#030000」、角度「90度」、比率「100%」に設定します。

## ③ 文字を入力

文字は、文字の下面を合わせるために「1」と「位獲得」に分けて入力します。入力後、数字の方が大きくなるように文字サイズを調整します。

>> Memo　ここでは、数字のサイズを「360px」、漢字のサイズを「245px」に設定しています。

## ④ 月桂冠をあしらう

月桂冠の画像を開き、文字の左右に配置します。

>> Memo　月桂冠の作り方は、P.160で解説しています。

## ⑤ 文字と月桂冠のレイヤーをグループ化

文字レイヤーと月桂冠レイヤーを同時に選択し、新規グループを作成アイコンをクリックします。2つのレイヤーがグループ化されます。

## ⑥ グラデーションオーバーレイを選択

レイヤーグループを選択した状態でレイヤースタイルを追加アイコンをクリックし、「グラデーションオーバーレイ」を選択します。

## ⑦ 文字にグラデーションをつける

グラデーションカラー「0%：#e7b431」「50%：#fff3a2」「100%：#e7b431」、角度「90度」、比率「20%」に設定します。

>> Memo | 比率の設定は、フォントサイズによって前後する場合があります。

## ⑧ ベベルとエンボスを選択

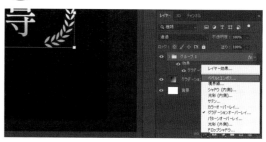

レイヤーグループを選択した状態でレイヤースタイルを追加アイコンをクリックし、「ベベルとエンボス」を選択します。

>> Memo | 「ベベルとエンボス」は、文字にハイライトとシャドウをつけ、立体的に見せる機能です。

## ⑨ 文字に立体感を出す

スタイル「ベベル（内側）」、テクニック「滑らかに」、深さ「64％」、方向「上へ」、サイズ「4px」、ソフト「0px」、角度「90度」、高度「30度」、ハイライトのモード「通常・#987a10・不透明度100%」、シャドウのモード「通常・#402f05・不透明度100%」に設定します。

>> Memo | フォントサイズによって、数値は微調整してください。

## ⑩ レンズフレアを配置

レンズフレアの画像を開き、サイズを調整して配置します。角度を45度傾けます。

## ⑪ レンズフレアの黒背景を透かす

レンズフレア画像のレイヤーを選択した状態で、描画モードを「スクリーン」に設定します。

## ⑫ 完成

レンズフレアの背景が透かされれば完成です。

ここで利用した画像 > flare.png（オリジナル） 　　　ここで利用したフォント > Adobeフォント：しっぽり明朝 Regular

<# COLUMN>

# 金文字作成の引き出し

本編ではレイヤースタイルを利用して金文字の作成を行いましたが、他にもさまざまな方法で金文字を作成することができます。レイヤースタイルが苦手な方は、金属テクスチャを文字レイヤーにクリッピングしてマスクする方法がおすすめです。クリッピングの方法について、詳しくはP.193を参照してください。

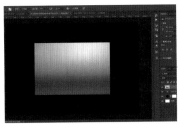

① 文字レイヤーの上に金属画像レイヤーを重ねる

② 金属画像レイヤーを文字レイヤーへクリッピング

③ 「カラーバランス」のレッドを「＋50」、イエローを「-100」に設定

④ 「色相・彩度」の彩度を「＋40」に設定して完成

金属画像の他にも、布画像や玉ボケ画像を使って金文字を作ることができます。

玉ボケ画像をクリッピング

布画像をクリッピング

# 32 » 「グラデーションオーバーレイ」でできる 潤いを感じさせる文字

潤い感のある文字デザインは、美容系のバナーやLPなどで利用されることの多い表現手法です。「しっとり」や「ぷるん」といったひらがなの擬音と相性がよく、かわいさを表現する際に効果的です。

Before

After

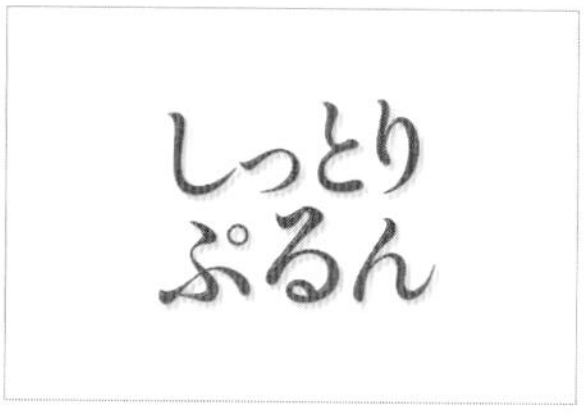


**Point**

文字は水平に入力するのではなく、あえて上下にずらしたり、フォントサイズを変えたりすると魅力的に見え、動きのあるデザインになります。

## 作り方

❶ 文字を入力

❷ 文字のバランスを調整する

❸ 文字を傾ける

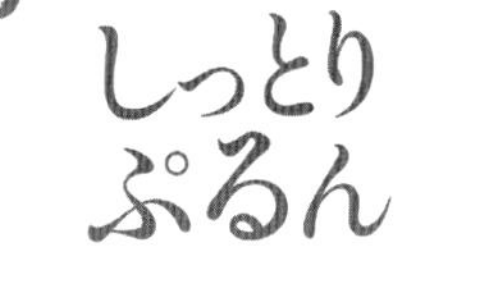


❹ グラデーションオーバーレイを適用

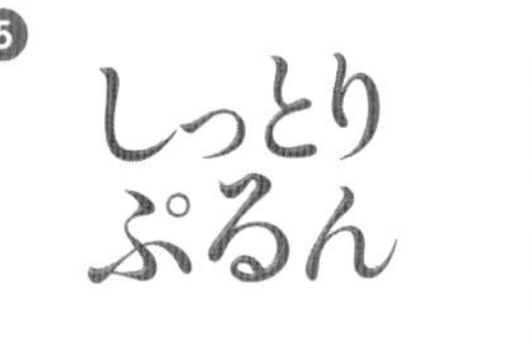


❺ ベベルとエンボスを適用

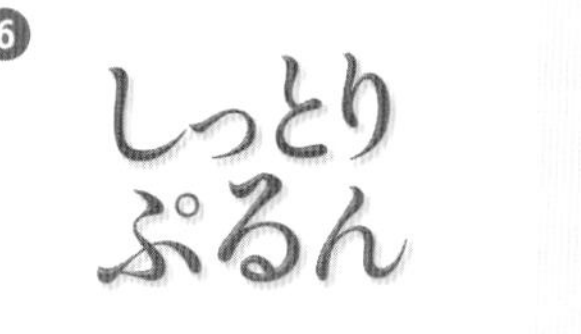


❻ ドロップシャドウをつけて完成

# くわしい作り方

## ① 文字を入力

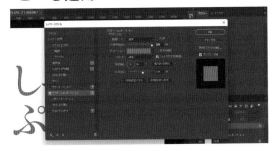

Photoshopで、「しっとり」「ぷ」「る」「ん」の4つに分けて文字を入力します。それにより、後からサイズやバランスを調整しやすくなります。

## ② バランスを調整し文字をグループ化

フォントサイズを「しとり：320px」「っ：280px」「ぷ：340px」「る：380px」「ん：310px」に変更し、レイヤーをグループ化して角度を-2度傾けます。

## ③ グラデーションオーバーレイを適用

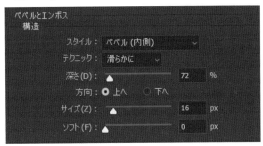

レイヤースタイルを追加アイコンをクリックして、「グラデーションオーバーレイ」を選択します。色「0%：#eb5f78、50％：#f7476d、100%：#eb5f78」、角度「90度」、比率「100%」に設定します。

## ④ ベベルとエンボスを適用 その1

レイヤースタイルを追加アイコンをクリックして「ベベルとエンボス」を選択し、上記画像を参考に「構造」の設定を行います。

## ⑤ ベベルとエンボスを適用 その2

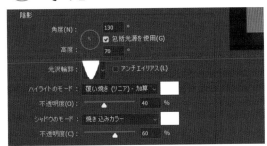

引き続き「ベベルとエンボス」で、上記画像を参考に「陰影」の設定を行い、文字に立体感を出していきます。「光沢輪郭」は、「円錐‐反転」に設定します。

## ⑥ ドロップシャドウを適用させて完成

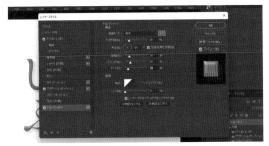

レイヤースタイルを追加アイコンをクリックし、「ドロップシャドウ」を選択します。色「#ec579c」、不透明度「20%」、角度「130度」、距離「20px」、スプレッド「25%」、サイズ「20px」に設定し、全体の奥行きを出して完成です。

ここで利用したフォント ＞ Adobeフォント：しっぽり明朝　SemiBold

# 33 » 画像のクリッピングでできる
# 美しいグラデーション文字

文字に画像をクリッピングして作成するグラデーション文字は、レイヤースタイルでは作成が難しい、複雑なグラデーションをつけることができます。ここでは風景画像のクリッピングをご紹介します。

> あした
> 天気になあれ。

**Before**

あした
天気になあれ。

▶

**After**

あした
天気になあれ。

---💡 Point ---

風景画像をクリッピングする際は、風景画像をそのまま使うのではなく、風景の一部を拡大して利用すると仕上がりがきれいになります。

## 作り方

❶
あした
天気になあれ。

文字を入力

▶

❷
あした
天気になあれ。

風景画像を重ねる

▶

❸

風景画像を文字にクリッピング

❹
あした
天気になあれ。

風景画像を拡大してグラデーションを調整

▶

❺
あした
天気になあれ。

色相・彩度で色味を強調

▶

❻
あした
天気になあれ。

完成

# くわしい作り方

## ① 文字を入力し画像を重ねる

Photoshopで文字（「あした天気になあれ。」）を入力し、風景画像を読み込みます。レイヤーは「画像レイヤー」→「文字レイヤー」の順にします。

## ② 画像をクリッピング

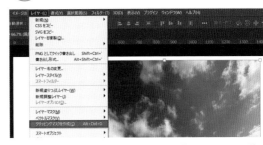

画像レイヤーを選択した状態で、「レイヤー」→「クリッピングマスクを作成」の順に選択します。画像レイヤーが、文字レイヤーにクリッピングされます。

## ③ グラデーションを調整

必要に応じて画像レイヤーを拡大・縮小し、好みのグラデーションになるように調整します。

## ④ 色味を調整して完成

調整レイヤーアイコンをクリックし、「色相・彩度」を選択します。彩度を「＋20」に調整し、鮮やかさを上げれば完成です。

---

#TOPICS クリッピングによるグラデーション文字の作成例

画像をクリッピングして作成するグラデーション文字では、クリッピングする画像によって印象が大きく変わります。夏に関するデザイン案件ならビーチの画像をクリッピングするなど、案件のテーマに合わせて画像を使い分けるとよいでしょう。

Before / After
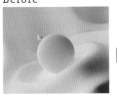

3Dレンダリング画像をクリッピング

Before / After

サイバーパンク風画像をクリッピング

ここで利用した画像 ＞ Unsplash：bit.ly/407mlbr

ここで利用したフォント ＞ Adobeフォント：A-OTF リュウミン Pr6N

# 34 » レイヤースタイル「境界線」でできる 立体感のある文字

立体感のある文字デザインは、文字の視認性を上げる際に効果的な技法の1つです。さまざまな文字情報がある広告デザインなどで、情報の優先度分けをする際に利用するのがおすすめです。

**Before** ▶ **After**

─✦Point─
立体感を出す際は、文字の輪郭線を斜め下へずらし、影が下に落ちているような奥行き感を出すのがポイントです。

 作り方

**❶**
文字を入力

**❷**
黒の輪郭線をつける

**❸**
文字を複製する

**❹**
複製した文字の色を黒に変更する

**❺**
黒に変更した文字を下に重ねる

**❻**
下に重ねた文字をずらして完成

# くわしい作り方

## ① 「境界線」を選択

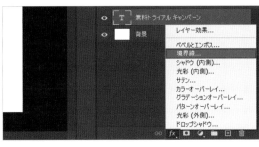

Photoshopで文字を入力します。レイヤースタイルを追加アイコンから、「境界線」を選択します。

>> Memo　ここでは、文字のフォントサイズ「160px」、色「#f43f36」に設定しています。

## ② 文字に輪郭をつける

サイズ「6px」、位置「外側」、描画モード「通常」、不透明度「100%」、色「黒（#000000）」に設定し、文字に黒色の輪郭をつけます。

## ③ 文字を複製

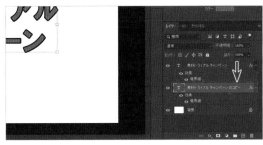

Alt / option キーを押しながら、レイヤータブ内の文字レイヤーを下方向にドラッグします。すると、文字レイヤーが複製されます。

## ④ 複製した文字の色を黒へ変更

複製した文字の色を「黒（#000000）」に変更します。オリジナルの文字レイヤーの左側の目のアイコンをクリックして非表示にし、黒に変更されていることを確認します。

## ⑤ 複製した文字をずらす

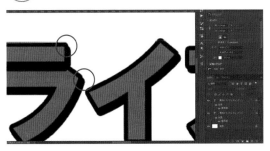

複製した文字を選択し、キーボードの矢印キーを押して右へ「4px」、下に「5px」ずらします。1回押すと、1px動きます。黒い輪郭部分のつなぎ目のへこみは、次のステップで修正します。

## ⑥ 黒いつなぎ目を修正して完成

複製した文字レイヤー下の「境界線」をダブルクリックし、境界線編集画面を開きます。サイズを「8px」に変更し、黒い輪郭部分のつなぎ目を滑らかにすれば完成です。

ここで利用したフォント ＞ Windows デフォルトフォント：HG創英角ゴシックUB

# 35 >> ブレンドでできる 飛び出す文字

飛び出す文字デザインは、コピーにインパクトを持たせたいときに効果的な技法の1つです。宝くじの当選金額やセール広告など、訴求する内容に強い魅力があるコピーに活用されることが多いです。

Before

After

 ▶

 作り方

❶

文字を入力しグラデーションをつける

❷

黒の輪郭をつける

❸

文字を複製する

❹

ブレンド機能で文字をつなげる

❺

下をすぼませて奥行を出す

❻

下の黒い部分を平らにして完成

# くわしい作り方

## ① 文字のレイアウトを整える

Illustratorで文字を入力します。「総額：77pt」「最大：77pt」「10億円：290 pt」「還：100 pt」「元：100 pt」のフォントサイズに分けて入力し、レイアウトを整えます。

## ② 長方形を3つ作成

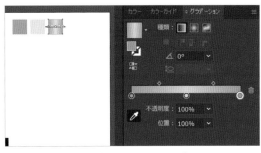

文字にグラデーションをつける準備として、長方形ツールを使って好みのサイズの正方形を3つ作成します。色を「黄土色：#cdad4a」「薄黄色：#f0eaae」「黒：#000000」に設定します。

## ③ 黒の正方形にグラデーションをつける

黒の正方形を選択し、ツールバーの塗りの部分の下にあるグラデーションマークをクリックします。白黒のグラデーションが適用されます。

## ④ 金グラデーションへ変更

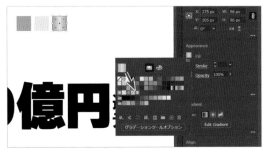

グラデーションタブ内の白と黒を、「0%：#cdad4a」「50%:#f0eaae」「100%:#cdad4a」の3色のグラデーションに変更します。

>> Memo 色を選択する際は、グラデーションタブ内のスポイトアイコンをクリックし、②で作成した正方形の色を選択すると作業がしやすいです。

## ⑤ カラーメニューを表示

選択ツールでグラデーションの正方形を選択し、プロパティタブ内の「Fill」（塗り）の左の正方形をクリックします。

## ⑥ カラーメニューへグラデーションを追加

現在の色であるグラデーションの正方形をカラーメニューにドラッグし、追加します。②で作成した正方形は不要なので、削除します。

## ⑦ 文字に塗りを追加

すべての文字を選択した状態で、アピアランスタブの新規塗りを追加アイコンをクリックします。塗りが追加されるので、塗りを線の上にドラッグして順番を変更します。

## ⑧ 文字にグラデーションをつける

⑦で追加した塗りの下矢印をクリックし、⑥で追加したグラデーションを選択します。

## ⑨ グラデーションの向きを90度へ

すべての文字を選択した状態でグラデーションタブを開き、角度を「90度」に変更します。

## ⑩ 文字に黒の輪郭線をつける

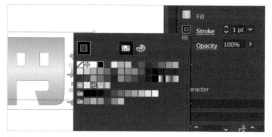

すべての文字を選択した状態で Ctrl ／ command ＋ G キーを押し、グループ化を行います。文字グループを選択した状態でプロパティタブ内の「Stroke」（線）の左の正方形をクリックし、黒の輪郭線を追加します。

## ⑪ 輪郭線を調整

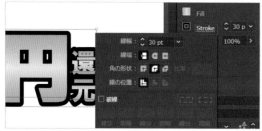

「Stroke」（線）をクリックし、画面を参考に輪郭線の太さを調整します。

>> Memo　輪郭線が文字の内側に入ってしまう場合は、アピアランスタブ内の塗りが線の上に来るように順番を入れ替えましょう。

## ⑫ 文字グループを複製

Shift ＋ Alt ／ option キーを押しながら、文字グループを上方向にドラッグします。文字グループが複製されるので、位置がずれて複製されるので、縦に並ぶように配置しなおします。

## 13 「ブレンド」を選択

2つの文字グループを選択し、「オブジェクト」→「ブレンド」→「ブレンドオプション」の順に選択します。

## 14 ブレンドオプションを設定

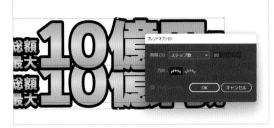

間隔「ステップ数」「80」、方向「垂直方向」を選択し、「OK」をクリックします。この段階では、文字に変化はありません。

## 15 ブレンドを作成

2つの文字グループを選択した状態で、「オブジェクト」→「ブレンド」→「作成」の順に選択します。すると、2つの文字グループの間が黒の塗りでつながります。

## 16 下をすぼませて奥行を出す

レイヤータブで、下側の文字グループを選択します。 Shift ＋ Alt ／ option キーを押しながら、サイズを小さくします。グループ化されたオブジェクトをダブルクリックすると、グループ内のオブジェクトを単体で選択できるようになります。

## 17 下の凹凸を隠すため 長方形を追加

下の凹凸を隠すため、長方形ツールで黒の長方形を作成し、プロパティタブで不透明度を一時的に「50%」に設定します。ダイレクト選択ツールで四隅の頂点をドラッグし、辺の角度を調整します。

>> Memo　頂点を動かす際は Shift キーを押しながらドラッグすると、水平垂直方向に頂点を動かせます。

## 18 凹凸を平らにして完成

⑰で設定した不透明度を「100%」に戻して、下の凹凸を平らにできたら完成です。

ここで利用したフォント　Adobeフォント：ルイカ-09
Adobeフォント：HGP創英角ゴシックUB

# 36 》 遠近感のある文字

ブレンドと自由変形ツールでできる

文字をセンターに大きく配置するデザインの場合、文字の上下に遠近感をつけると迫力が生まれ、印象に残りやすくなります。この技法は、バナーやLPでの利用に効果的です。

## Before

大感謝祭

## After

大感謝祭

### ─ Point ─

文字に輪郭をつける際は、文字の外側に輪郭線を入れるようにします。内側や中間に輪郭線を入れると文字の視認性が下がり、迫力も出しにくいので注意が必要です。

## 作り方

**❶**
大感謝祭

文字を入力

**❷**

文字をアウトライン化

**❸**

塗りと輪郭線をつける

**❹**
大感謝祭

文字を複製して下にずらす

**❺**
大感謝祭

ブレンドで文字の線を滑らかにする

**❻**
大感謝祭

文字に遠近感をつけて完成

# くわしい作り方

## ① 文字を入力しアウトライン化

Illustratorで文字を入力します（フォントサイズ「375pt」）。文字の上で右クリックし、「アウトラインを作成」を選択します。

## ② 塗りと輪郭線をつける

プロパティタブで、塗り「白（#ffffff）」、輪郭線「赤（#fc2b2b）」、線幅「15pt」、角の状態「角丸」、線の位置「外側」に設定します。

## ③ 文字を複製してグループ化

Shift + Alt / option キーを押しながら文字を上にドラッグし、複製します。2つの文字を選択し、文字の上で右クリックして「グループ」を選択します。

>> Memo　Shift キーを押しながらドラッグすると、水平、垂直方向に要素を複製できます。

## ④ ブレンドを設定

「オブジェクト」→「ブレンド」→「ブレンドオプション」の順に選択します。間隔を「ステップ数」「4」に設定し、「OK」をクリックします。この段階では、まだ見た目の変化はありません。

## ⑤ ブレンドを作成

「オブジェクト」→「ブレンド」→「作成」の順に選択します。文字と文字の間がきれいにつながります。

## ⑥ 遠近感をつけて完成

文字グループを選択した状態で、自由変形ツールの遠近変形を選択します。上の丸い頂点を動かし、文字に遠近感をつければ完成です。

ここで利用したフォント ＞ Windowsデフォルト：HGS創英角ゴシックUB

# 37 » カラーハーフトーンとグラデーションでできる
## アメコミ風文字

アメコミ風文字は、印象に残りやすく目に留まりやすいデザインの1つです。割引やポイント還元、決算セールのように、特定の情報を強く伝えたい場合に利用すると効果的です。

Before

After

—💡Point—

文字にグラデーションをつけるだけでもよいのですが、ドット柄を入れると、よりアメコミっぽさを表現できます。

## 作り方

❶ 文字を入力しバランスを整える

❷ 赤のドット柄をつける

❸ 下地に赤のグラデーションをつける

❹ 白と黒の輪郭線を2つつける

❺ 自由変形ツールで斜めにする

❻ 背景を合成して完成

# くわしい作り方

## ① 文字のバランスを整える

Illustratorで文字を入力します。「3」と「倍」を別々に入力し、フォントサイズを「3：610pt」「倍：310pt」に設定します。

## ② 文字をグループ化

選択ツールを選択し、2つの文字を選択します。Ctrl／command＋Gキーを押し、グループ化します。

## ③ グループへ塗りを追加

アピアランスタブ左下の新規塗りを追加アイコンをクリックし、グループに塗りを追加します。

>> Memo アピアランスタブがない場合は、「ウィンドウ」→「アピアランス」で表示できます。

## ④ グラデーションを追加

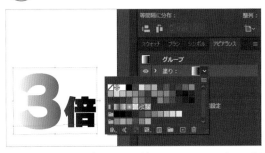

アピアランスタブの塗りを線の上にドラッグし、順番を入れ替えます。塗りの右側矢印をクリックして、白黒グラデーションを選択します。

## ⑤ グラデーションの向き比率を変える

グラデーションタブで、角度を「-90度」に変更します。それにより、文字の下側に黒が来るようになります。その後、グラデーションの中間部分のつまみを「76%」に変更します。

>> Memo グラデーションタブがない場合は、「ウィンドウ」→「グラデーション」で表示できます。

## ⑥ カラーハーフトーンを選択

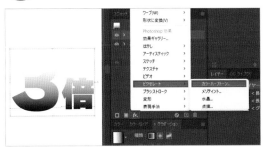

アピアランスタブに戻り、グラデーションの塗りを選択した状態で下部の新規効果を追加アイコンをクリックします。「ピクセレート」→「カラーハーフトーン」の順に選択します。

>> Memo ここでは、カラーハーフトーンの機能を使ってグラデーションをドット柄に変更します。

## ⑦ カラーハーフトーンを適用

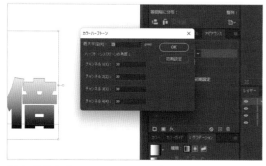

最大半径を「15pixel」、チャンネル1、2、3、4の4つすべてを「30」に設定し、「OK」をクリックします。

## ⑧ 赤色グラデーションを適用

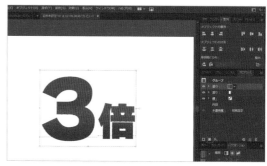

アピアランスタブ左下の新規塗りを追加アイコンをクリックして、新しい塗りを追加します。塗りの色を赤色（上：#fd4114、下：#c60a09）のグラデーションへ変更します。

## ⑨ ドットの色を変更

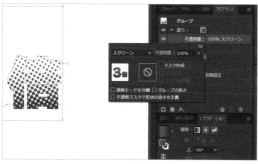

⑧で追加した塗りの不透明度をクリックし、描画モードを「スクリーン」に変更してドットの色を変更します。

## ⑩ 赤色グラデーションの塗りを追加

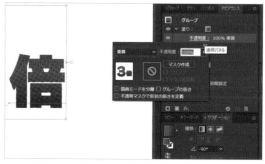

⑧の方法で赤色のグラデーションをもう一度追加し、⑨の手順で今度は描画モードを「乗算」へ変更して文字に塗りを追加します。

## ⑪ 白の輪郭線を追加

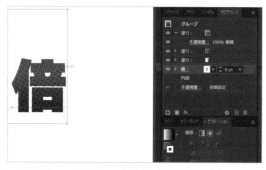

アピアランスタブ内にある線を選択し、「白」「8pt」の輪郭線を追加します。

## ⑫ 黒の輪郭線を追加

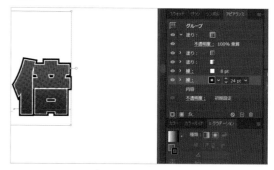

アピアランスタブ左下の新規線を追加アイコンをクリックし、「黒」「24pt」の輪郭線を追加します。

## ⑬ ドロップシャドウを選択

文字のグループを選択した状態で、「効果」→「スタイライズ」→「ドロップシャドウ」の順に選択します。

## ⑭ ドロップシャドウを設定

画面を参考に数値を入力し、「OK」をクリックします。

## ⑮ 斜めに傾ける

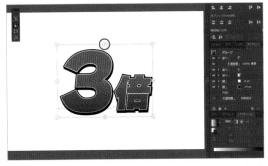

文字に動きをつけるため、自由変形ツールの自由変形を選択し、上部の真ん中のつまみを右／水平に少しだけドラッグし、文字を傾けます。

## ⑯ 左に傾ける

同じく文字に動きをつけるため、選択ツールを選択し、プロパティタブの Transform (変形) で左に 3 度ほど傾けます。

## ⑰ 背景画像を読み込む

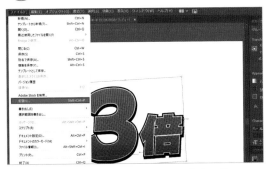

「ファイル」→「配置」の順に選択し、背景画像のファイルを開きます。

## ⑱ 背景を調整して完成

背景の重ね順を文字グループの下へ移動し、好みのサイズに調整すれば完成です。

ここで利用した画像 ＞ イラストAC：http://bit.ly/3le6Oqg
画像ID：23052058

ここで利用したフォント ＞ Adobe フォント：ルイカ-09

# 38 » 曲線ツールと線幅ツールでできる カリグラフィー風文字

文字にカリグラフィー風の飾りを入れることで、ユーザーの目を引くことができます。かわいい系のデザインと相性がよく、美容系やお菓子のパッケージなど、さまざまな場面で利用できます。

Before ▶ After

## Point

1回転させた線の太さに強弱をつけると、カリグラフィーっぽい見た目を表現できます。

## 作り方

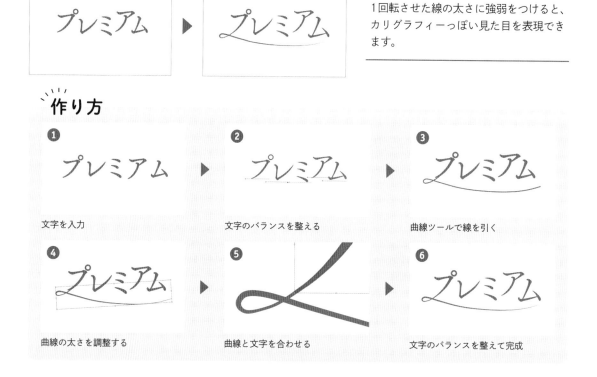

❶ 文字を入力

❷ 文字のバランスを整える

❸ 曲線ツールで線を引く

❹ 曲線の太さを調整する

❺ 曲線と文字を合わせる

❻ 文字のバランスを整えて完成

# くわしい作り方

## ① 文字を入力

Illustratorで文字を入力します。文字はすべて別々に入力し、バランスを整えます。ここではフォントサイズ「260pt」、色「#f2648f」に設定しています。

## ② 文字の太さを調整しアウトライン化

現状では少し文字幅が細いので、アピアランスタブで文字に同じ色の輪郭線「4pt」をつけて太くします。その後、文字を右クリックし、「アウトラインを作成」をクリックします。

## ③ 曲線を引く

曲線ツールを選択し、「プ」の先端から太さ1ptの曲線を引きます。

>> Memo　曲線の色は、文字と同じ「#f2648f」に設定します。

## ④ 曲線の太さを調整

線幅ツールを選択して、曲線の太さを調整します。

>> Memo　ここでのポイントは、先を細く、中間部分を太く仕上げることです。

## ⑤ 文字と曲線を合わせる

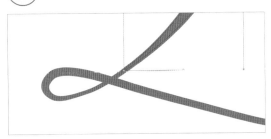

「プ」の文字と曲線のつなぎ目が不自然なので、「プ」のオブジェクトを選択した状態でダイレクト選択ツールを選択し、曲線と文字の接地点を自然につなげます。

>> Memo　曲線と「プ」の接地点の太さが合わない場合は、線幅ツールで曲線の太さを微調整します。

## ⑥ 文字と曲線のバランスを調整して完成

選択ツールを選択し、文字と曲線のバランスを調整します。今回の場合は「ミアム」と曲線の間に余白が空いていたので文字を全体的に下に動かし、「ム」のフォントサイズを少し大きくしました。

ここで利用したフォント ＞ Adobe フォント：FOT-筑紫Aオールド明朝 Pr6N L

# 39 >> 長方形ツールでできる
# スピード感のある文字

スピード感のある文字デザインは、申込完了までの時間や通信速度など、速さが売りのサービス、商品などに効果的です。文字にデザイン的な意味を加えることによって訴求します。

**最短!**

**Before**

最短!

▶

**After**

*最短!*

― Point ―

スピード感のある文字デザインにする際は、文字を少し斜めに傾けるとスピード感が伝わりやすくなります。

## 作り方

**①**
文字を入力してアウトライン化する

**②** *最短!*
文字を斜めに傾ける

**③** *最短!*
四角形を作る

**④** *最短!*
四角形の頂点を消して三角形にする

**⑤**
三角形を文字に合成する

**⑥** *最短!*
好みの場所に合成して完成

# くわしい作り方

## ① 文字をアウトライン化

Illustratorで文字を入力します。フォントサイズは「330pt」としています。文字の上で右クリックし、「アウトラインを作成」をクリックします。

## ② 文字を斜めに傾ける

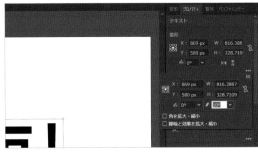

プロパティタブの変形の右下にある「…」をクリックし、シアーの値を「10度」にします。文字が斜めに傾きます。

## ③ 四角形を作成

長方形ツールを選択し、適当な大きさの長方形を作成します。

## ④ 四角形を三角形にする

アンカーポイントの削除ツールを選択し、四角形の右斜め下のアンカーポイントをクリックして消します。

## ⑤ 三角形を文字につける

選択ツールを選択し、三角形を選択します。サイズや形を調整し、文字に三角形をつけます。この時、文字がアウトライン化されていると三角形と文字が自動できれいにくっつきます。

## ⑥ 三角形を複製して完成

三角形を複製し、サイズを調整しながら、⑤と同様の方法で好みの場所につければ完成です。

≫ Memo 　 Alt / option キーを押しながらオブジェクトをドラッグすると、オブジェクトの複製ができます。

ここで利用したフォント ＞ Windowsデフォルト：HGSゴシックE

# 40 》 「色域指定」でできる
# 手書き文字の取り込み

手書き文字の取り込みは、既成のフォントでは出せない味わいのある文字を使用したい場合に効果的な技法です。コーポレートサイトや弁護士サイトなどで利用されることも多いです。

令和　年　月　日

自署：　いとう そら

**Before**

令和　年月日
自署：いとう そら

**After**

令和　年　月　日
自署：いとう そら

─💡Point ─

手書き文字を取り込むと、文字の色が薄くなることも多いです。合成しても視認性が高くなるよう、文字色を微調整しましょう。

## 作り方

① 手書き文字の画像を準備

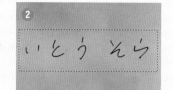

④ レイヤーマスクで文字を切り抜く

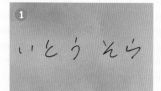

② 文字部分の選択範囲を作成

⑤ カラーオーバーレイで黒を強調

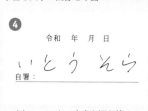

③ 色域指定で文字の選択範囲を作成

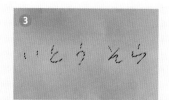

⑥ サイズと位置を調整して完成

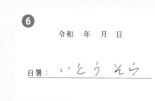

# くわしい作り方

## ① 文字部分の選択範囲を作成

Photoshopで文字の画像を開きます。長方形選択ツールを選択し、文字部分のざっくりした選択範囲を作成します。この選択範囲の内側が、色域指定を利用する際の識別範囲になります。

## ② 色域指定を選択

「選択範囲」→「色域指定」の順に選択します。

>> Memo | 色域指定では、色を単位とした、細かい選択範囲の作成が可能です。

## ③ 色域指定で文字の色を抽出

左側のスポイトをクリックし、文字の黒い部分をクリックします。「許容量」のつまみを調整し、白と黒の境目をくっきりさせて「OK」をクリックします。

## ④ 文字を切り抜く

文字の選択範囲が作成されたことを確認し、レイヤーマスクを追加します。その後、背景画像を追加します。

## ⑤ 「カラーオーバーレイ」を選択

レイヤースタイルを追加アイコンをクリックし、「カラーオーバーレイ」を選択します。手書き文字は色が薄くなりやすいので、今回はカラーを黒に変更し、色を濃くします。

## ⑥ サイズと位置を調整して完成

文字のサイズと位置を調整して完成です。

ここで利用した画像 > nema.png(オリジナル)

# 41 >> 「ドロップシャドウ」でできる
# 視認性を高める文字デザイン

ここで紹介する文字デザインの方法は、文字が背景になじんで視認性が落ちてしまうような場合に効果的です。明朝体や白い文字などへの利用がおすすめです。

Before

After

## Point

黒のドロップシャドウを使うと、文字の色味が暗く見えてしまうことがあります。ドロップシャドウは黒ではなく、背景色に近い色を利用します。

## 作り方

① 画像を開く

② 画像の上に文字を重ねる

③ 背景色のドロップシャドウをつける

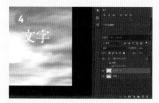
④ 新規レイヤーを追加

⑤ ソフトブラシで背景を塗る

⑥ ソフトブラシの不透明度を下げる

# くわしい作り方

## ① 背景画像を開く

Photoshopで背景画像を開き、レイヤー名を「青空」に変更します。

## ② 文字を入力する

フォントサイズ「160px」、カラー「白」で文字を入力し、中央に揃えます。

## ③ ドロップシャドウを選択

レイヤースタイルを追加アイコンをクリックし、「ドロップシャドウ」を選択します。

## ④ 青のドロップシャドウをつける

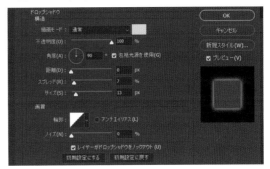

画面の数値を参考に、値を入力していきます。ドロップシャドウの色は、「#b7dfff」に設定します。

## ⑤ ブラシで背景をなぞる

新規レイヤーを追加し、レイヤー名を「ブラシ背景」に変更します。作成したレイヤーは、文字レイヤーの下へ移動します。ブラシツールを選択し、色「#add8fb」、不透明度「100%」で背景をなぞります。

## ⑥ ブラシ背景の不透明度を調整して完成

ブラシ背景レイヤーを選択し、不透明度を「50%」に変更すれば完成です。

ここで利用した画像 > Unsplash：http://bit.ly/3JXfQsJ

⟨ #COLUMN ⟩

# 視認性を高める文字デザインの引き出し

文字の視認性を高めるには、P128で紹介したもの以外にもさまざまな方法があります。ここでは、2種類の方法をご紹介します。

## 1 » 薄いべた塗りを追加

画像の雰囲気を損ねず、文字の視認性を高めたい場合に効果的です。

Before

After

① 画像を準備

② 文字を重ねる

③ #492b00のべた塗りを追加

④ べた塗りレイヤーの不透明度を「12%」まで下げて完成

## 2 » 背景をぼかす

背景の情報量が多い場合は、背景をぼかすことで文字の視認性を高めることができます。

Before

After

① 画像を準備

② 文字を重ねる

③ 「フィルター」→「ぼかし」→「ぼかし（ガウス）」を選択

④ 「ぼかし（ガウス）」で画像をぼかして完成

ほんの一手間でプロっぽくなる

「あしらいデザイン」の
小ワザ

# 42 » ワープとぼかしでできる 水滴のあしらい

水滴のあしらいは美容系のLPやバナーなどで使われることが多く、美容製品の成分や効能をユーザーへ具体的、感覚的に伝えたい場合に効果的な技法です。

**Before**　　　**After**

── ☀ Point ──

水滴をあしらう場合は水滴だけでなく、水滴の影も一緒にあしらってあげると、よりリアルな水滴を表現できます。

## 作り方

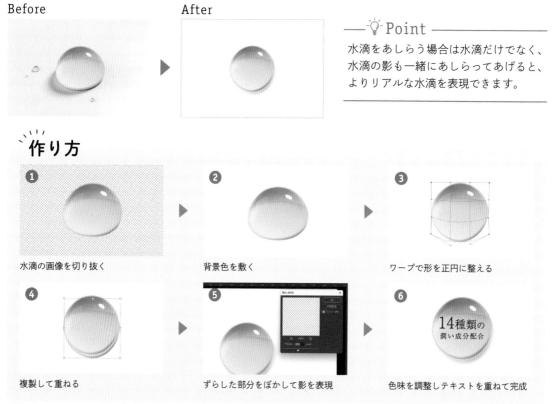

① 水滴の画像を切り抜く

② 背景色を敷く

③ ワープで形を正円に整える

④ 複製して重ねる

⑤ ずらした部分をぼかして影を表現

⑥ 色味を調整しテキストを重ねて完成

# くわしい作り方

## ① シェイプを作成

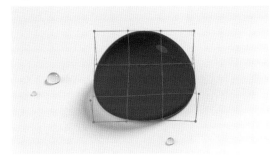

Photoshopで、水滴の画像を開きます。楕円形ツールを選択し、水滴と同じくらいの大きさの正円（色は任意）を作成します。正円の不透明度は、「60%」に設定します。「編集」→「変形」→「ワープ」の順に選択し、水滴の形に合わせて正円を変形させます。

## ② 選択範囲を作成

Ctrl ／ command キーを押しながら楕円形レイヤーのサムネイルをクリックし、水滴の選択範囲を作成します。楕円形レイヤーは不要なので、非表示にするか削除します。

## ③ レイヤーマスクを追加

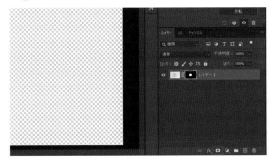

レイヤーマスクを追加アイコンをクリックします。レイヤーマスクによって、水滴画像が切り抜かれます。

## ④ 背景を追加

調整レイヤーアイコンをクリックし、「べた塗り」を選択します。色を「白」に設定し、「べた塗り」レイヤーを一番下へ移動します。

## ⑤ レイヤーマスクを適用

レイヤーマスクの上で右クリックし、「レイヤーマスクを適用」を選択します。レイヤーマスクを適用することで、ワープを使った水滴の編集がやりやすくなります。

## ⑥ 水滴の形を整える

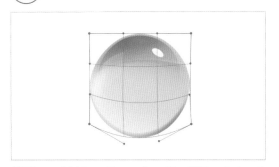

「編集」→「変形」→「ワープ」の順に選択します。水滴の形が正円になるように整えます。

133

## ⑦ 水滴のレイヤーを複製

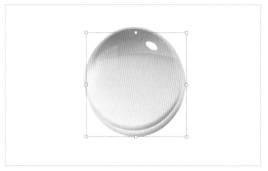

Ctrl / command + C → Ctrl / command + V キーで、水滴のレイヤーを複製します。下のレイヤーに配置された水滴をドラッグし、斜め下にずらします。

## ⑧ 水滴画像の影を作成

「フィルター」→「ぼかし」→「ぼかしガウス」の順に選択します。半径を「17pixel」に設定し、「OK」をクリックします。これで、水滴画像の影が作成されました。

## ⑨ レイヤーをグループ化

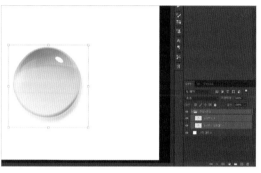

水滴と影のレイヤーをグループ化します。

## ⑩ カラーバランスを追加

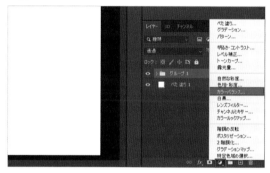

調整レイヤーアイコンをクリックし、「カラーバランス」を選択します。

## ⑪ 水滴の色味を調整

シアン〜レッドを「-45」、イエロー〜ブルーを「+55」に設定します。

## ⑫ テキストを重ねて完成

P.193の方法で、カラーバランスレイヤーをグループレイヤーにクリッピングします。最後にテキストを重ねて完成です。

ここで利用した画像 ＞ Freepik：http://bit.ly/3DqllH7

応用例

# 水滴の色の変更方法

応用例では、ここで作成した水滴画像の色味を「色相・彩度」で変更する方法について解説します。

Before

After

## 色の変更方法

### ① 画像を準備

本編で作成した画像を準備します。

### ② 「色相・彩度」を選択

調整レイヤーアイコンをクリックして、「色相・彩度」を選択します。

### ③ 色相を調整

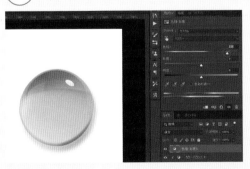

色相のつまみを右にずらし、「+110」に調整します。

### ④ 彩度を微調整して完成

彩度のつまみを右にずらし、「+20」に調整します。

>> Memo　色を変えるには「色相」を、色の鮮やかさを変えるには「彩度」を調整します。

# 43 >> フィルター「極座標」でできる
## 潤いのあしらい

美容用品のLPやバナーでは、波の画像を用いて潤いを表現することがあります。水滴でも同様の表現は可能ですが、波の画像を使用すると水滴よりも動きのあるデザインになります。

**Before**

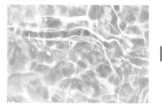

**After**

─── Point ───

波の画像を選定する際は、波目の大きい画像を選ぶときれいにまとめやすくなります。

## 作り方

① 画像を準備

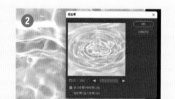
② 極座標を適用

③ 正円でマスク

④ 色味を調整

⑤ 中心部分を塗りつぶす

⑥ テキストを重ねて完成

# くわしい作り方

## ① 画像を円状に編集

Photoshopで、波の画像を開きます。「フィルター」→「変形」→「極座標」の順に選択します。「直交座標を極座標に」を選択し、「OK」をクリックします。

## ② 画像のつなぎ目をなじませる

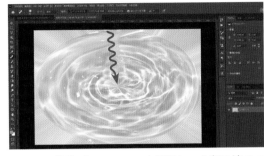

スポット修復ブラシツールを選択し、上部の波のつなぎ目部分をドラッグしてなじませます。ギザギザにドラッグすると、なじみやすくなります。

## ③ 波の形を正円に近づける

「編集」→「変形」→「拡大・縮小」を選択し、Alt／Shift キーを押しながら画像の左右を縮め、波の形を正円へ近づけます。

## ④ 使用する範囲を決める

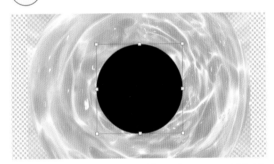

使用する範囲に合わせて、楕円形ツールで正円（色は任意）を作成します。

## ⑤ 波画像を楕円形にクリッピング

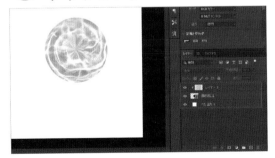

波の画像レイヤーが上、楕円形レイヤーが下になるように、レイヤーの順番を入れ替えます。P.193の方法で、楕円形レイヤーに波の画像をクリッピングします。

>> Memo　ここでは、P.133の方法で白のべた塗り背景を追加しています。

## ⑥ 境界線をぼかしてなじませる

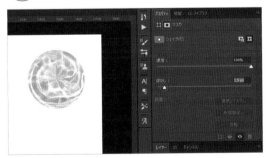

楕円形の境界線がシャープすぎるので、ぼかしてなじませます。楕円形レイヤーを選択し、プロパティタブ上部のマスクアイコンをクリックします。ぼかしを「1.5px」に設定します。

## ⑦ 波の色味を調整

波の画像レイヤーを選択し、調整レイヤーアイコンをクリックして「カラーバランス」を選択します。シアン～レッドを「-55」、イエロー～ブルーを「+20」に設定し、ブルーを強調します。

## ⑧ レイヤーを1枚にまとめる

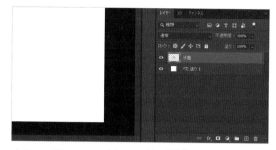

カラーバランスレイヤー、波の画像レイヤー、楕円形レイヤーの3つのレイヤーを同時に選択し、Ctrl／command＋Eキーを押します。レイヤーが結合されるので、レイヤー名を「水面」に変更します。

## ⑨ 水面レイヤーに影をつける

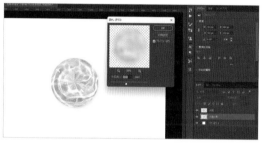

水面レイヤーを複製し、下側のレイヤーの名前を「水面の影」に変更します。水面の影レイヤーの波の画像を、斜め右下にドラッグしてずらします。「フィルター」→「ぼかし」→「ぼかしガウス」の順に選択し、半径を「20pixel」に設定します。

## ⑩ 水面の中心に塗りを作る

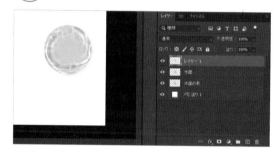

水面レイヤーの上に、新規レイヤーを追加します。ブラシツールを選択し、#83d9eaのソフトブラシで中心を塗り、文字の視認性を上げます。

## ⑪ テキストを重ねる

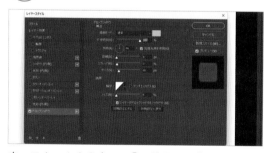

白いテキストを入力し、⑩で使用した色と同じ色のドロップシャドウを適用します。ドロップシャドウは、色「#83d9ea」、角度「90度」、距離「0」、スプレッド「2%」、サイズ「10px」に設定します。

## ⑫ 明るさを微調整して完成

調整レイヤーアイコンをクリックし、「露光量」を選択します。露光量「0.2」、オフセット「-0.04」、ガンマ「0.9」に設定します。テキストとべた塗り以外のレイヤーをグループ化し、露光量レイヤーをクリッピングします。

ここで利用した画像 ＞ iStock：http://bit.ly/3JGS1ph
画像ID：1234682932

応用例

# よりリアルに見せる潤いのあしらい

潤いを表現する際、あえて円をゆがませることで水しぶきのような水滴を表現することもできます。グラデーションをつけると、より魅力的な色味になります。

Before

After

## 輪郭をゆがめてグラデーションをつける

### ① 潤いのあしらいを準備

潤いのあしらいを用意します。基本的な作り方は、本編と同じです。

### ② 画像をゆがめる

「フィルター」→「変形」→「波形」の順に選択し、波数「1」、波長「最小1」「最大340」、振幅「最小1」「最大80」、比率「水平・垂直100%」に設定し、種類で「正弦波」を選択します。

### ③ グラデーションオーバーレイを追加

レイヤースタイルアイコンをクリックし、「グラデーションオーバーレイ」を選択します。

### ④ グラデーションをつける

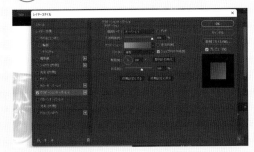

描画モードを「オーバーレイ」に設定し、グラデーションカラーを「青：#3fbbfe」「紫：#a541ff」、不透明度「100%」、角度「130度」に設定します。

# 44 >> 真珠のあしらい

指先ツールと描画モード「ハードライト」でできる

真珠のあしらいは、髪や肌の艶を表現する美容系のデザインなどに利用されることの多いデザイン技法です。真珠は艶を想起させ、視覚的にも美しいため、女性向けのデザインとの相性がよいです。

Before

After

## Point

円に画像をマスクするだけでは、球体であることを表現しづらいです。円の内側に薄い影を落として球体っぽさを表現し、輪郭線をくっきりさせます。

## 作り方

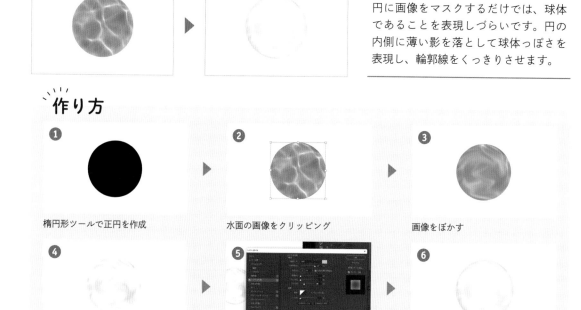

❶ 楕円形ツールで正円を作成

❷ 水面の画像をクリッピング

❸ 画像をぼかす

❹ 色味を調整

❺ 円の内側に影を落とす

❻ 虹の画像をマスクして完成

# くわしい作り方

## ① 水面レイヤーを円レイヤーへ クリッピング

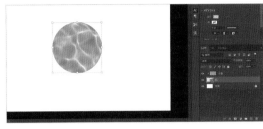

Photoshopで、楕円形ツールで作成した正円と水面の画像を準備します。水面→楕円形の順になるようにレイヤーを入れ替えます。P.193の方法で、楕円形レイヤーに水面レイヤーをクリッピングします。

## ② 水面画像をぼかす

指先ツールを選択し、水面画像をドラッグします。水面のディテールを円を描くように引き伸ばしながら、ぼかしていきます。その後、2つのレイヤーを同時に選択し、Ctrl／command＋Eキーで1つにまとめます。

## ③ 真珠の色味を表現

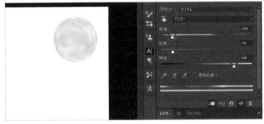

調整レイヤーアイコンをクリックし、「色相・彩度」を選択します。色相「-120」、彩度を「-75」、明度「+60」に設定し、下のレイヤーにクリッピングします。

## ④ 真珠の光沢を表現

調整レイヤーアイコンをクリックし、「露光量」を選択します。露光量「0.7」、オフセット「-0.17」、ガンマ「0.6」に設定し、下のレイヤーにクリッピングします。

## ⑤ 輪郭線と立体感を出す

楕円形レイヤーを選択します。レイヤースタイルを追加アイコンをクリックし、「シャドウ（内側）」を選択します。色「#d7d9c8」、不透明度「100％」、距離「0px」、チョーク「0%」、サイズ「50px」に設定します。

## ⑥ 虹色の色味を足して完成

レイヤーの一番上に虹の画像を追加し、描画モードを「ハードライト」に変更します。下のレイヤーにクリッピングし、虹の画像の位置を調整すれば完成です。

≫ Memo │ 虹の位置の微調整に指先ツールを使うと、より自由度が増すのでおすすめです。

ここで利用した画像 ＞ Unsplash：http://bit.ly/3XOyJlP 　　Unsplash：http://bit.ly/406cOlx

# 45 » フィルター効果でできる
# シャボン玉のあしらい

シャボン玉のあしらいは、ハンドソープや柔軟剤などの広告デザインで使われることが多い技法です。色合いがきれいなので、女性向けのデザインのあしらいに使われることもあります。

## NEW
### 効果の秘密は製法

Before

After

▶

### ─💡 Point ─
シャボンを作る際は、原色に近い色を利用します。「色相・彩度」で色味の調整を行うと、微調整しやすくなります。

## 作り方

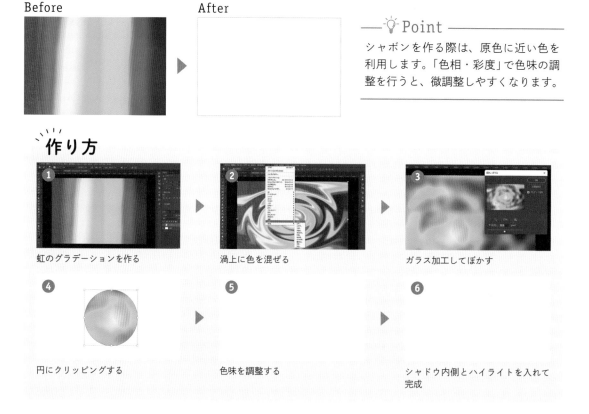

① 虹のグラデーションを作る

② 渦上に色を混ぜる

③ ガラス加工してぼかす

④ 円にクリッピングする

⑤ 色味を調整する

⑥ シャドウ内側とハイライトを入れて完成

# くわしい作り方

## ① 虹を準備

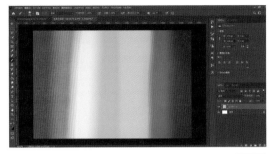

Photoshopで、ブラシツールを選択します。Shift キーを押しながら、赤、オレンジ、黄色、緑、水色、青、紫の縦線を引きます。

## ② フィルターの波形を選択

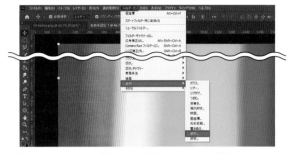

「フィルター」→「変形」→「波形」の順に選択します。

## ③ 色を左右に引き伸ばす

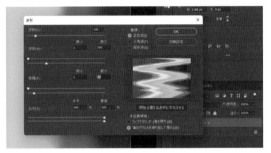

種類「正弦波」、波数「100」、波長「最小：1・最大：245」、振幅「最小：1・最大：80」、比率「水平・垂直を100%」に設定し、「OK」をクリックします。

## ④ フィルターのジグザグを選択

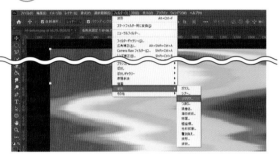

色を円状に混ぜるため、「フィルター」→「変形」→「ジグザグ」の順に選択します。

## ⑤ 色を円状に引き伸ばす

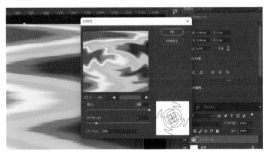

量「100」、折り返し「3」、スタイル「回転」に設定して、「OK」をクリックします。

## ⑥ フィルターのガラスを選択

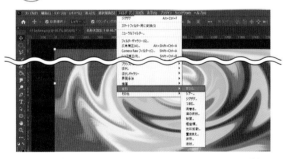

ここでは色をさらにゆがめて、シャボン玉の反射を表現します。「フィルター」→「変形」→「ガラス」の順に選択します。

>> Memo 「ガラス」が見つからない場合は、「編集」（「Photoshop」）→「環境設定」→「プラグイン」で「すべてのフィルターギャラリーグループと名前を表示」にチェックを入れ、再度確認してください。

## ⑦ 色をゆがめて反射を表現

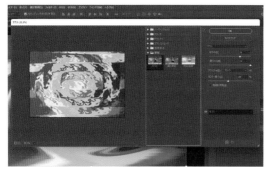

ゆがみ「15」、滑らかさ「15」、テクスチャ「ブロック」、拡大・縮小「120%」に設定して、「OK」をクリックします。

## ⑧ 色と色の境目を滑らかにする

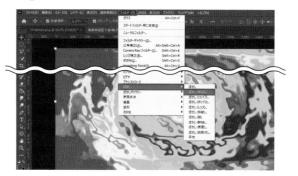

「フィルター」→「ぼかし」→「ぼかし（ガウス）」を選択します。

## ⑨ 色の境界線をぼかす

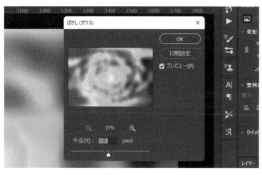

半径「32pixel」に設定し、「OK」をクリックします。色の境界線がぼかされます。

## ⑩ シャボン玉の形を準備

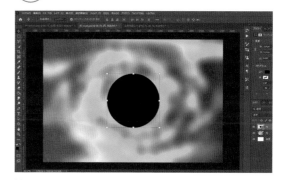

楕円形ツールを選択します。シャボン玉の大きさに正円（色は任意）を作成し、画面の中央に配置します。

## ⑪ 円レイヤーへ虹レイヤーをクリッピング

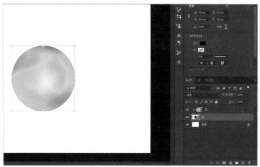

楕円形レイヤーと虹レイヤーの順番を入れ替えます。P.193の方法で、楕円形レイヤーに虹レイヤーをクリッピングします。

## ⑫ レイヤーを統合

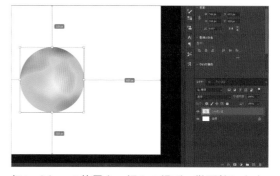

虹レイヤーの位置を、好みの場所へ微調整します。楕円形レイヤーと虹レイヤーを同時に選択し、Ctrl ／ command + E キーで統合します。統合後は、レイヤー名を「シャボン玉」に変更します。

## ⑬ 色味を調整

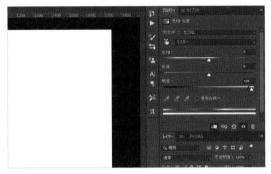

調整レイヤーアイコンをクリックして、「色相・彩度」を選択します。明度を「+94」に設定し、シャボン玉レイヤーにクリッピングします。

## ⑭ 「シャドウ内側」を選択

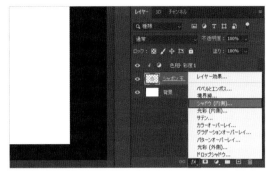

シャボン玉の境界線を強調します。シャボン玉レイヤーを選択し、レイヤースタイルを追加アイコンをクリックして「シャドウ (内側)」を選択します。

## ⑮ シャボン玉の境界線を強調

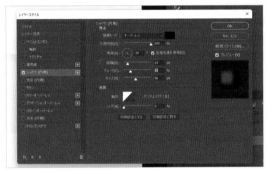

描画モード「オーバーレイ」、不透明度「100%」、角度「-30度」、距離「14」、チョーク「25%」、サイズ「98px」に設定し、境界線を強調します。

## ⑯ ハイライトのパーツを作成

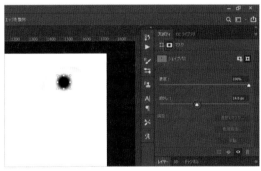

光のハイライトを作るため、楕円形ツールで楕円形（色は任意）を作成します。その後、プロパティタブ上部のレイヤーマスクアイコンをクリックし、ぼかし「14px」に設定します。

## ⑰ ハイライトを配置

⑯で作成した楕円形を [Ctrl] / [command]+[J] キーで複製し、左上と右下に配置します。横に潰し、角度をシャボン玉の淵と水平になるように傾けます。

## ⑱ ハイライトをつけて完成

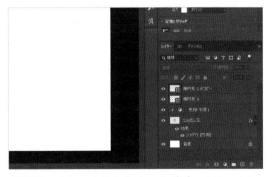

楕円形レイヤーのサムネイルをダブルクリックし、色を白に変更します。ハイライトを表現できたら完成です。

# 46 ≫ レイヤースタイルと水滴の合成でできる
# 美容成分のあしらい

粘度の高い水滴は、美容成分を表現する際に使われることのあるデザイン技法です。美容成分をビジュアルとして伝えることで、ユーザーの興味・関心を集めることも期待できます。

**Before**　　　　　**After**

## Point

円に白いハイライトの光沢をつけることで、立体感のある球体を表現できます。ハイライトは、しっかり入れましょう。

## 作り方

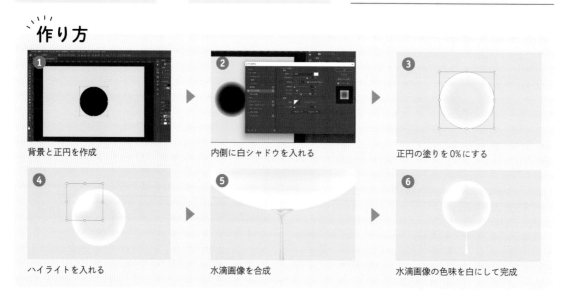

① 背景と正円を作成

② 内側に白シャドウを入れる

③ 正円の塗りを0%にする

④ ハイライトを入れる

⑤ 水滴画像を合成

⑥ 水滴画像の色味を白にして完成

# くわしい作り方

## ① 背景と正円を作成

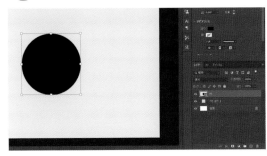

Photoshopで調整レイヤーアイコンをクリックし、
「べた塗り」を選択します。ここでは水色（#a6e1ff）
の背景を追加します。その後、楕円形ツールを選択
して正円（色は任意）を作成します。

## ② 内側に白シャドウを入れる

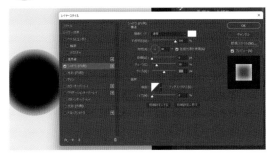

レイヤースタイルを追加アイコンをクリックし、
「シャドウ（内側）」を選択します。色「白（#ffffff）」、
不透明度「100%」、距離「0px」、チョーク「20%」、
サイズ「120px」に設定します。

## ③ 円を透明にする

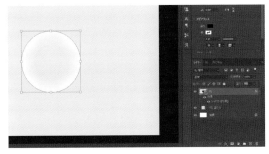

楕円形レイヤーを選択し、塗りを「0%」に設定します。
これで、円が透明になります。

## ④ ハイライトを入れる

新規レイヤーを追加します。白のソフトブラシで、
円の左上にハイライトを入れます。形や角度を微調
整します。

## ⑤ 水滴画像を合成

Before　　　　　　　After

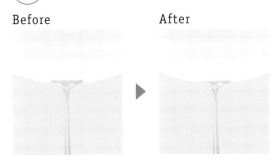

水滴画像を読み込み、円の下中央に合成します。そ
のまま合成するとエッジがシャープすぎるので、レ
イヤーマスクを追加し、黒のソフトブラシで水滴と
円の境界線をなじませます。

## ⑥ 水滴の色を調整して完成

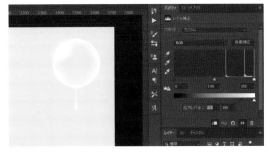

調整レイヤーアイコンをクリックし、「レベル補正」
を選択します。出力レベルを「215：255」に設定し
ます。水滴レイヤーにクリッピングし、全体の位置
を微調整すれば完成です。

ここで利用した画像 ＞ イラストAC：http://bit.ly/3RhUZCf
画像ID：1621517

147

# 47 >> 描画モード「オーバーレイ」でできる
# フレア輪郭のあしらい

目立たせたい要素を強調したいが、デザインのトンマナを大きく崩したくない。そんなときに活用しやすいのが、フレア輪郭のあしらいです。女性向けや落ち着いたトーンのデザインとも相性がよいです。

Before

After

―💡Point ―――

フレアを添えるだけでなく、描画モード「オーバーレイ」を使って輪郭線が輝いているような見せ方をすると、スタイリッシュにまとまります。

## ⚡作り方

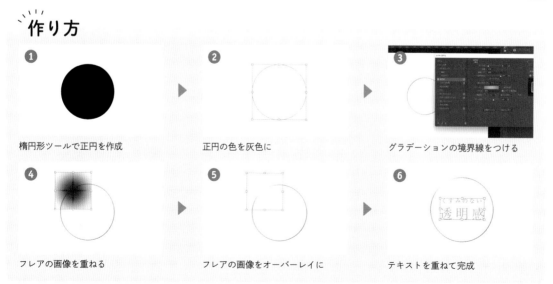

❶ 楕円形ツールで正円を作成

❷ 正円の色を灰色に

❸ グラデーションの境界線をつける

❹ フレアの画像を重ねる

❺ フレアの画像をオーバーレイに

❻ テキストを重ねて完成

# くわしい作り方

## ① 正円を作成

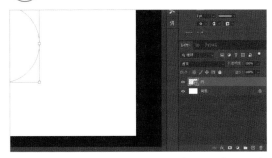

Photoshopで楕円形ツールを選択し、薄い灰色（#f7f7f7）の正円を作成します。レイヤー名を「円」に変更します。

## ② 境界線を選択

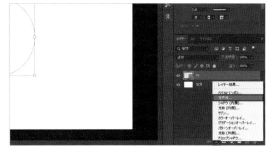

円レイヤーを選択した状態でレイヤースタイルを追加アイコンをクリックし、「境界線」を選択します。

## ③ グラデーションの境界線をつける

サイズ「6px」、位置「外側」、描画モード「通常」、不透明度「100％」、塗りつぶしタイプ「グラデーション」、グラデーション「#a78f21／#cbc9b0／#a78f21」、角度「135度」に設定して、「OK」をクリックします。

## ④ フレア画像を重ねる

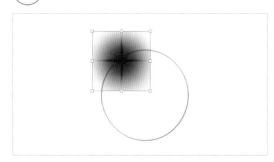

フレア画像を読み込み、円レイヤーの左上に配置します。輪郭線とフレアの部分が重なるようにします。

>> Memo　実際のフレア画像の色は白ですが、ここではわかりやすくするため黒にしてあります。

## ⑤ フレア画像をオーバーレイへ

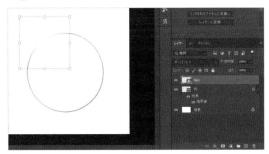

フレア画像を選択した状態で、描画モードを「オーバーレイ」に変更します。

## ⑥ テキストを重ねて完成

テキストを重ねて完成です。

>> Memo　ここでは、テキストの色を「#c5bc8a」に設定しています。

ここで利用した画像 ＞ flare-A.png（オリジナル）

149

# 48 » 楕円形ツールとスターツールでできる
# ダイヤのあしらい

ダイヤのあしらいは、商品やサービスの権威性を表現する際に利用されることが多いです。また宝石であるダイヤモンドは、女性向けのデザインとの相性がよいです。

Before

After

—💡Point—

ダイヤモンドを作成する際は、サイズをしっかりと合わせて楕円形や多角形を作成しないと、仕上がりが不格好になります。

## 作り方

① 正円を作成

② パスファインダーで切り抜く

③ 三角形にグラデーションをつける

④ 八芒星の塗りを重ねる

⑤ 八角形の塗りを重ねる

⑥ テキストとあしらいをつけて完成

# くわしい作り方

## ① 正円を作成する

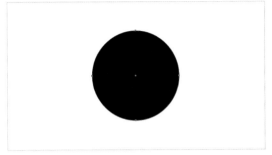

Illustratorで楕円形ツールを選択し、420px×420pxの正円を作成します。色は、何色でも問題ありません。

## ② 八芒星を作成

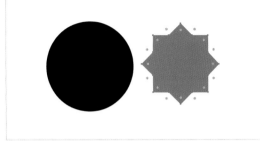

スターツールを選択し、[Alt]／[option]＋[Shift]キーを押しながら八芒星を作成します。

>> Memo　八芒星にならない場合はスターツールで画面をクリックし、点の数を8に設定します。

## ③ 円と八芒星の位置を合わせる

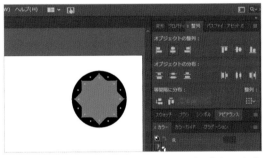

円と八芒星を同時に選択し、整列タブの「水平方向中央」「垂直方向中央」をクリックします。

## ④ 八芒星のサイズと角度を調整

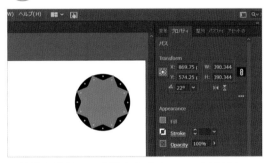

八芒星を選択し、基準点を中央にしてW「421px」、H「421px」、角度「22度」に設定します。

>> Memo　角度を調整すると大きさが390.34pxに変わりますが、そのままで問題ありません。

## ⑤ 八芒星の形に切り抜く

円と八芒星を同時に選択し、パスファインダータブの「前面オブジェクトで型抜き」をクリックします。これで、八芒星の形に円が切り抜かれます。

## ⑥ グループ化を解除

切り抜いたオブジェクトを右クリックし、「グループ解除」をクリックします。

## ⑦ 三角形の1つに グラデーションを適用

グラデーションツールを選択し、三角形を1つクリックします。グラデーションタブで、「#76adb3」「#afdadf」のグラデーションに変更します。

## ⑧ 他の三角形にも グラデーションを適用

選択ツールを選択し、⑦でグラデーションを適用した三角形を除くすべての三角形を同時に選択します。スポイトツールを選択し、⑦でグラデーションを適用した三角形をクリックし、すべての三角形にグラデーションを適用させます。

## ⑨ 各三角形のグラデーション 角度を調整

グラデーションタブで、一番上の三角形から時計回りに1つ目「-90度」、2つ目「135度」、3つ目「90度」、4つ目「45度」、5つ目「180度」、6つ目「135度」、7つ目「-90度」、8つ目「45度」に設定します。

## ⑩ 三角形をグループ化

選択ツールですべての三角形を選択し、右クリックします。「グループ」を選択し、オブジェクトをグループ化します。

## ⑪ 八芒星を作成

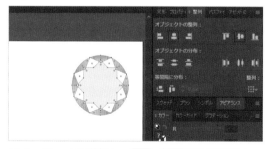

スターツールを選択し、[Alt]／[option]+[Shift]キーを押しながら淡い青色(#cce8e9)の八芒星を作成します。整列タブで、⑩のグループと八芒星の水平垂直を合わせます。

## ⑫ 八芒星のサイズと角度を調整

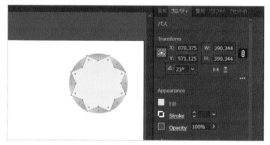

⑪で作成した八芒星を選択し、基準点を中央にしてW「421px」、H「421px」、角度「22度」に設定します。

>> Memo 角度を調整すると大きさが390.34 pxに変わりますが、そのままで問題ありません。

## ⑬ 八角形を作成

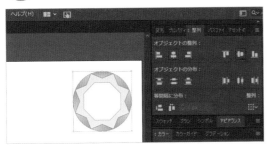

さらに中心の塗りを作成するため、多角形ツールを選択し、 Shift キーを押しながら白色の八角形を作成します。整列タブで、⑩のグループと八芒星と八角形の水平垂直を合わせます。

## ⑭ 八角形のサイズと角度を合わせる

八角形を選択し、基準点を中央にしてW「297px」、H「297px」、角度「22度」に設定します。

>> Memo 角度を調整すると大きさが321.458 pxに変わりますが、そのままで問題ありません。

## ⑮ 王冠をあしらう

権威性を表現するため、王冠のSVGファイルを上中央へあしらいます。色を青(#66acb0)に変更します。

## ⑯ テキストを入力

テキストを入力します。ここでは「累計売上No.1」という文字を重ねます。

## ⑰ テキストに色をつける

「累計売上」は薄い黒 (#585959)、「No.1」はピンクのグラデーション (#df6a9f、#f09dc1、#df6a9f)に変更します。グラデーションは、テキストを選択してアピアランスタブで新規塗りを追加し、グラデーションタブで色と角度を調整します。

## ⑱ フレアで高級感を出して完成

最後にフレア画像をいくつかあしらい、高級感を出して完成です。

>> Memo フレアは、角度を60度に傾けると背景になじみやすいです。

ここで利用した画像 > icooon-mono : http://bit.ly/40nRRJg

フレア画像：flare-B.png (オリジナル)

# 49 » グラデーションでできる メダルのあしらい

業種を問わず、メダルのあしらいは権威性を訴求する際によく使われる技法です。売上実績や受賞経験などがある場合は、メダルのあしらいデザインが効果的です。

Before

After

—💡Point—

リアルなメダルを表現するには、グラデーションを利用することで立体感が増し、リアルな質感を表現できます。

## 作り方

❶

楕円を作成

❷

楕円に金のグラデーションを適用

❸

楕円を複製し縮小

❹

複製した楕円に紺のグラデを適用

❺

内側に金の枠線を入れる

❻

星のあしらいと文字を入れて完成

# くわしい作り方

## ① 楕円を作成

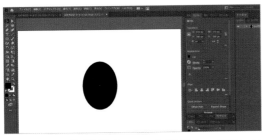

Illustratorで楕円形ツールを選択し、370px × 500pxの楕円形を作成します。

>> Memo　色はあとから変更するので、ここでは何色でも問題ありません。

## ② 楕円にグラデーションを適用

ツールバー下部のカラーパレットから、白黒グラデーションを適用します。グラデーションタブで金グラデーション (0%「#d8a403」、16%「#f8fbe8」、32%「#fee147」、50%「#b8771b」、67%「#fee147」、84%「#f8fbe8」、100%「#d8a403」) を適用し、角度を15度に傾けます。

## ③ グラデーションを保存

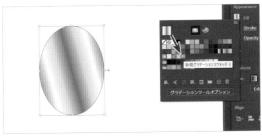

楕円を選択し、プロパティタブの塗りのカラーパレットを開きます。作成したグラデーションをカラーパレット内にドラッグ＆ドロップし、再利用しやすいように保存します。

## ④ 楕円オブジェクトを保存

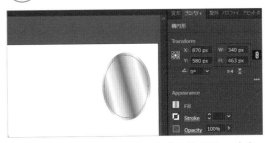

次に、紺の塗り部分を作成します。楕円形オブジェクトを選択し、Ctrl / command +C → Ctrl / command +F キーで同じ位置に複製します。複製したオブジェクトの大きさを、プロパティタブのTransform (変形) で340px × 463pxに縮小します。

## ⑤ 紺グラデーションを適用

複製したオブジェクトを選択し、紺グラデーション (0%「#142b55」、50%「#173c94」、100%「#142b55」) を適用し、角度を15度に傾けます。

## ⑥ 枠線を作成

内側の枠線を作成します。紺の楕円オブジェクトを Ctrl / command +C → Ctrl / command +F キーで同じ位置に複製し、330px × 450pxに縮小します。プロパティタブで塗りを消し、太さ1ptの線を追加します。

⑦ 枠線にグラデーションを適用

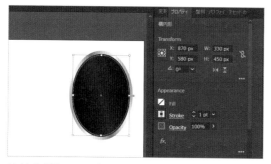

枠線を選択し、プロパティタブの枠線のカラーパレットから、③で保存した金グラデーションを適用します。グラデーションタブで、角度を15度に傾けます。

⑧ 星をあしらう

スターツールを選択し、Shift キーを押しながら星を作成し、3つに複製します。中央の星のサイズを少し大きくして、メダルの上中央へ配置します。

⑨ 星にグラデーションを適用

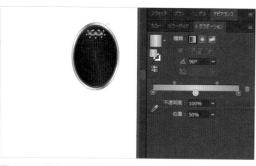

星を3つ選択した状態で、ツールバー下部のカラーパレットから白黒グラデーションを適用します。グラデーションタブで金グラデーション（0%「#d8a403」、50%「#f8fbe8」、100%「#d8a403」）を適用し、角度を90度に傾けます。

⑩ グラデーションを保存

③と同様に星オブジェクトを選択し、プロパティタブの塗りのカラーパレットを開きます。カラーパレット内にグラデーションをドラッグ＆ドロップし、保存します。

⑪ テキストを重ねる

画面のように、テキストを分割して入力します。色は白にします。

⑫ テキストにグラデーションを適用させて完成

テキストを選択し、アピアランスタブで新規塗りを追加します。塗りのカラーパレットを開き、⑩で作成したグラデーションを選択します。グラデーションタブで角度を90度に変更すれば完成です。

# メダルあしらいの引き出し

メダルには、さまざまな種類があります。応用例では、フチの形が特殊なメダルと、かんたんなリボンの作り方を紹介します。

Before

After

▶

## フチの形が特殊なメダルとかんたんなリボンの作り方

① 28角形の多角形を作成

多角形ツールを選択し、28角形を作成します。

② 多角形にくぼみを作る

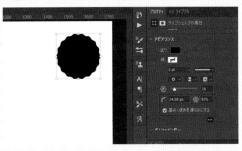

プロパティタブ内のアピアランスで、角の丸み「24.08px」、星の比率「92%」に設定します。「星のくぼみを滑らかにする」にチェックを入れます。

③ 長方形にアンカーポイントを追加

長方形ツールを選択し、長方形を作成します。アンカーポイントの追加ツールを選択し、底辺の中央にアンカーポイントを追加します。定規のガイドを中央に配置すると、長方形レイヤーの中央を把握しやすいです。

④ 長方形をくぼませる

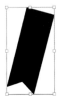

アンカーポイントの削除ツールを選択し、③で追加したアンカーポイントをクリックし、削除します。再度アンカーポイントの追加ツールを選択し、底辺中央のアンカーポイントを垂直に持ち上げくぼませます。15度に傾けます。

# 50 » オブジェクトの変形でできる 盾のあしらい

盾のあしらいは、セキュリティや満足度など、ユーザーを安心させるための表現として使われることが多いデザイン技法です。個人情報や、高い専門性を扱う商材への利用が効果的です。

Before

After

---💡 Point---

安心感のあるデザインに見せる場合、盾の色は落ち着いた色味にするのがよいでしょう。

## 作り方

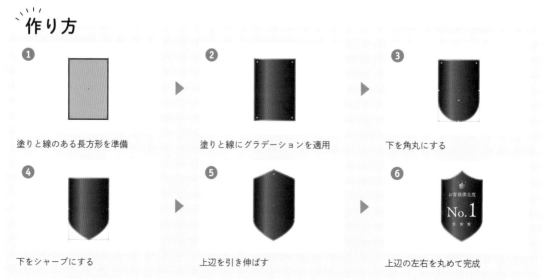

❶ 塗りと線のある長方形を準備

❷ 塗りと線にグラデーションを適用

❸ 下を角丸にする

❹ 下をシャープにする

❺ 上辺を引き伸ばす

❻ 上辺の左右を丸めて完成

# くわしい作り方

## ① 長方形を作成

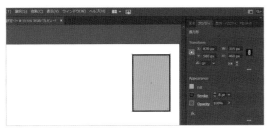

Illustratorで長方形ツールを選択し、315px × 460pxの長方形を作り、塗りと線を追加します。

>> Memo　塗りと線は後から色を変えるので、何色でもかまいません。

## ② グラデーションを適用

長方形オブジェクトを選択し、グラデーションタブで塗りと線にグラデーションを適用します。塗り (0%「#0e1b11」、20%「#397e3b」、100%「#0e1b11」)、線 (0%「#a55109」、30%「#f8d776」、100%「#a55109」) に設定します。

## ③ 下を角丸にする

長方形の左下の隅にある、青い丸をクリックします。続いて Shift キーを押しながら、右下隅にある青い丸をクリックします。そのまま中心に向けてドラッグし、下の角を丸くします。

## ④ 下の角を尖らせる

アンカーポイントツールを選択し、下中央のアンカーポイントを2回クリックします。角丸が鋭角に変わります。

>> Memo　アンカーポイントは2つ重なっているので、2回クリックします。

## ⑤ 上辺を尖らせる

アンカーポイントの追加ツールを選択し、上辺の中央をクリックしてアンカーポイントを追加します。ダイレクト選択ツールを選択し、 Shift キーを押しながら上辺中央のアンカーポイントを上へ上げ、上辺を尖らせます。

## ⑥ 上辺の左右を丸めてテキストを重ねれば完成

曲線ツールを選択し、左右の上辺をドラッグして曲線にします。テキストやあしらいを施せば完成です。

ここで利用した画像 > icooon-mono：http://bit.ly/3Rd5ire

# 51 » パターンブラシでできる 月桂冠のあしらい

月桂冠のあしらいは、業種を問わず幅広く利用される、権威性を表すあしらいデザインです。どのようなデザインとも比較的相性がよいため、汎用性の高いデザインといえるでしょう。

Before

After

── ·☆· Point ──────────

月桂冠に文字を合わせる際は、文字を斜体にするとメリハリがついて、全体が引き締まった印象になります。

## 作り方

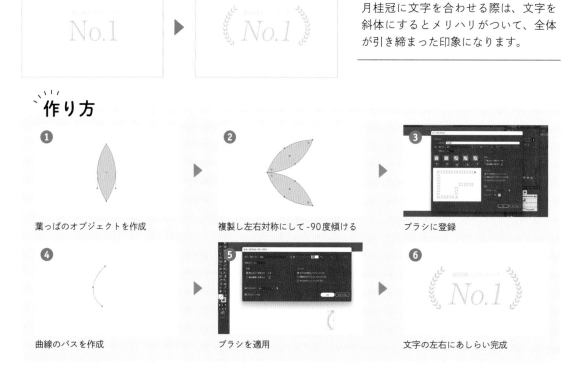

❶ 葉っぱのオブジェクトを作成

❷ 複製し左右対称にして -90度傾ける

❸ ブラシに登録

❹ 曲線のパスを作成

❺ ブラシを適用

❻ 文字の左右にあしらい完成

# くわしい作り方

## ① 葉っぱのオブジェクトを作成

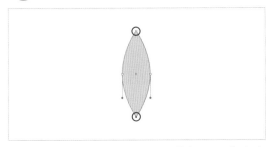

Illustratorで楕円形ツールを選択し、黄土色（#f0d296）の縦長楕円を作成します。アンカーポイントツールで楕円の上下のアンカーポイントをクリックし、葉っぱの形にします。

## ② 葉っぱを複製し90度傾ける

上記画像の①より、角度を35度にして葉っぱを傾けます。Ctrl／command＋C→Ctrl／command＋Fキーで複製し、②の水平方向に反転アイコンで反転→左右対称になるように配置します。2つのオブジェクトをグループ化し、-90度に傾けます。

## ③ パターンブラシに登録

ブラシタブを開き、②で作成したグループをタブ内にドラッグします。新規ブラシウィンドウが開くので、「パターンブラシ」を選択して「OK」をクリックします。パターンブラシオプションが開くので、名前を「月桂冠」に変更し、「OK」をクリックします。

## ④ 月桂冠の輪郭を作成

②で作成したグループを削除し、曲線ツールで月桂冠の輪郭のパスを作成します。

》Memo　パスの形を微調整したい場合は、ダイレクト選択ツールを使いましょう。

## ⑤ 月桂冠を作成

④のパスを選択した状態で、ブラシタブ内の③で作成した月桂冠を選択します。うまく適用されない場合は、プロパティタブでストロークオプションを開き、微調整を行います（今回は拡大・縮小「12％」、反転「軸に沿って反転」に調整しています）。

## ⑥ テキストの左右に月桂冠をあしらい完成

テキストを入力し、④で作った月桂冠を複製して左右にあしらえば完成です。

》Memo　テキストの斜体は、変形タブ内のシアーの角度を調整します（今回は「10度」）。

# 52 パスファインダーと回転ツールでできる
# さくらの花のあしらい

さくらの花のあしらいは、春のデザインで利用されることの多い技法です。さくらの花を背景にあしらったり、さくらとテキストを合わせたりするなど、幅広い用途で使えます。

Before                    After

─ Point ─

さくらの花は、少し傾けることで動きを表現することができ、他のデザインへもなじませやすくなります。

## 作り方

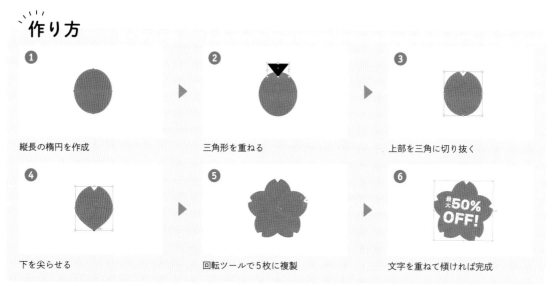

① 縦長の楕円を作成

② 三角形を重ねる

③ 上部を三角に切り抜く

④ 下を尖らせる

⑤ 回転ツールで5枚に複製

⑥ 文字を重ねて傾ければ完成

# くわしい作り方

## ① 縦長の楕円を作成

Illustratorの楕円形ツールで、ピンク（#ff77a1）の
220px × 250pxの縦長の楕円形を作成します。

## ② 三角形を重ねる

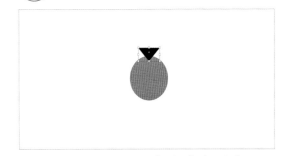

多角形ツールを選択し、三角形を作成します。この
三角形の部分が、花びらの先端になります。

>> Memo 多角形ツールで三角形にならない場合は画面を
クリックし、辺の数を3に変更します。

## ③ 花びらの先端を作成

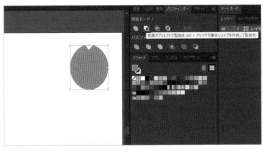

①と②で作成したオブジェクトを同時に選択し、パ
スファインダータブの「前面オブジェクトで型抜き」
をクリックします。これで、花びらの先端が作成さ
れます。

## ④ 花びらの根元を作成

アンカーポイントツールを選択し、花びらの下のア
ンカーポイントをクリックします。花びらの先端が
尖ります。

## ⑤ 花びらを複製しさくらを作成

回転ツールを選択し、[Alt] / [option] キーを押しなが
らオブジェクトの下のアンカーポイントをクリック
します。角度を72度に設定し、「コピー」をクリッ
クします。花びらが1枚複製されたら、[Ctrl] /
[command]+[D] キーを押して花びらが5枚になるよう
に複製します。

## ⑥ テキストを重ね角度を調整して完成

花びらをすべて選択し、[Ctrl] / [command]+[D] キーを
押してグループ化します。テキストを重ねたら、オ
ブジェクトをすべて選択し、角度を少し傾ければ完
成です。

応用例

# さくらの花の引き出し

## その1 » 少しリアルなさくらの花びらの作り方

デザインによっては、少しリアルなさくらの花びらを使いたい場合があるかもしれません。少しリアルな形の花びらの作り方を紹介します。

Before

After

 ▶

## 作り方

---

① さくらの花びらを作る

本編と同じ作り方でさくらの花びらを作成し、60度前後に傾けます。

② 花びらの形を編集

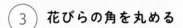

ダイレクト選択ツールでアンカーポイントを動かし、花びらの形を編集します。

③ 花びらの角を丸める

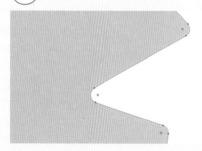

ダイレクト選択ツールでオブジェクトの青い丸をドラッグして丸め、リアルな形を表現します。

④ 水彩のアートブラシをつける

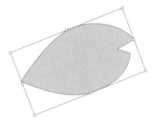

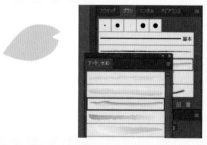

ブラシライブラリーで「アート」→「アート_水彩」の順に選択し「水彩（ブレンド）」を適用させれば完成です。

## その2 » 舞い散るさくらの花びらの作り方

さくらや春に関するデザインを行っていると、さくらの花びらが舞っている背景がほしい場合もあるかもしれません。さくらの花びらが舞っている背景の作り方を紹介します。

Before

After

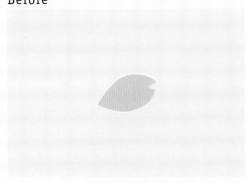

# 作り方

### ① さくらの花びらを作る

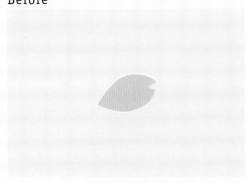

長方形ツールで青色 (#c2f9ff) の背景を作成し、さくらの花びらを準備します (ここでは応用例その1で作成した花びらを利用します)。

### ② さくらの分布ブラシを作成

さくらの花びらのオブジェクトを、ブラシタブ内へドラッグします。「分布ブラシ」にチェックを入れ、「OK」をクリックします。「サイズ」「間隔」「分布」「回転」をランダムに設定します。

### ③ 花びらの分布ブラシを適用

さくらの花びらオブジェクトは不要なので、削除します。ペンツールを使って縦にパスを引き、ブラシタブの、先ほど作成したさくらの花びらのブラシを選択します。

### ④ 花びらを舞っているように調整

選択ツールで、③のパスを選択します。プロパティタブのストロークオプションをクリックし、サイズや分布を調整します。最後にパスを複製し、大きさや角度を微調整します。

# 53 》 水彩画のあしらい

ブラシと「オーバーレイ」でできる

水彩画のあしらいは、優しい印象やノスタルジックな印象を与えたいときに使われることが多いです。
食材関係や、体に優しい商品広告への利用が効果的です。

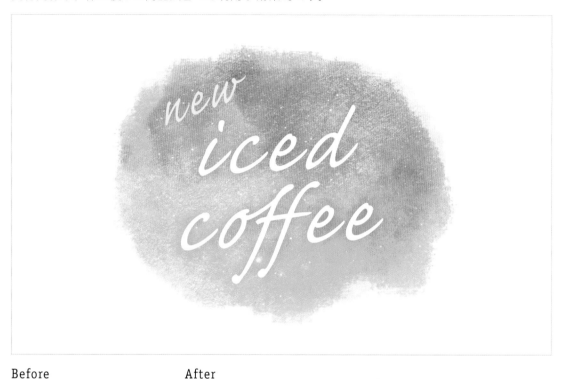

## Before

## After

—💡Point

水彩画に星空の画像をマスクし、オーバーレイを適用することで、幻想的な雰囲気を演出できます。

## 作り方

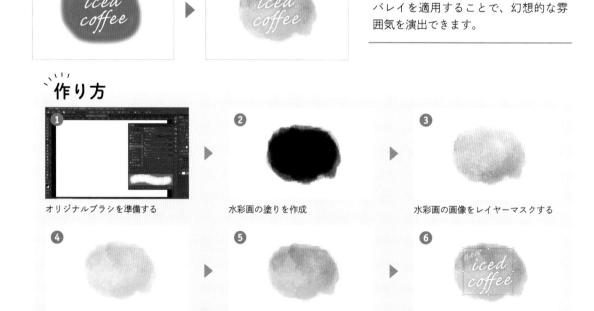

① オリジナルブラシを準備する

② 水彩画の塗りを作成

③ 水彩画の画像をレイヤーマスクする

④ 色味を調整

⑤ 星空をオーバーレイ

⑥ 文字を重ねて完成

# くわしい作り方

## ① ブラシの設定

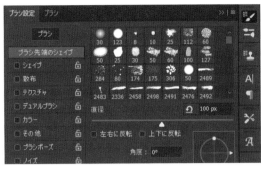

Photoshopで、ブラシツールを選択します。ブラシ設定タブの「ブラシ先端のシェイプ」で「円スケッチボールペン」を選択し、直径を「100px」に設定します。

## ② ブラシのシェイプを設定

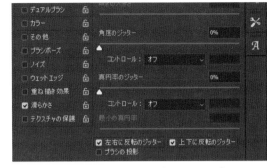

「シェイプ」で「左右に反転のジッター」と「上下に反転ジッター」にチェックを入れ、シェイプを荒くします。

## ③ ブラシの散布を設定

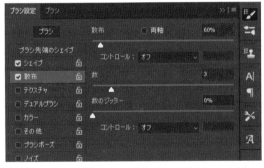

「散布」で散布を「60%」、数を「3」に設定し、ブラシを太くします。

## ④ ブラシのデュアルブラシを設定

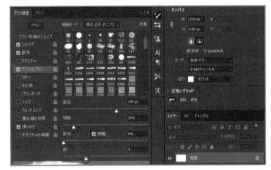

「デュアルブラシ」で「ソフト円ブラシ」を選択し、直径「150px」、間隔「100%」、散布「0%」、「両軸」にチェックを入れ、数「5」に設定します。

## ⑤ ブラシのその他を設定

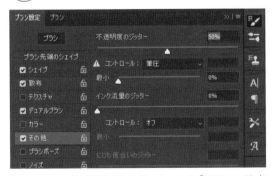

「その他」で「不透明度のジッター」を「50%」に設定し、ムラを強くします。

## ⑥ ブラシのカラーを設定

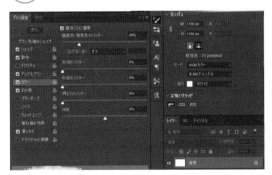

「カラー」で「描点ごとに適用」にチェックを入れ、「描画色・背景色のジッター」を「20%」に設定し、背景色の割合を設定します。

## ⑦ ブラシで楕円を描く

水彩画ブラシの準備ができたので、新規レイヤーを追加し、ブラシのカラー「黒」、不透明度「70%」に設定し、フリーハンドで楕円を描きます。一筆で中まで塗りつぶすようにします。

## ⑧ 再度ブラシで楕円を描く

⑦で作成した楕円に重ねるように、2〜3回ほど楕円を重ねて塗っていきます。ムラがある方が水彩画のように見えるので、あえてムラを出しましょう。

## ⑨ 水彩画の画像を開く

⑦⑧で作成したレイヤーの名前を、「水彩画ペイント」に変更します。続いて、水彩画の画像を開きます。

## ⑩ 水彩画の画像をクリッピング

P.193の方法で、水彩画の画像を水彩画ペイントレイヤーにクリッピングします。

## ⑪ 色相・彩度を選択

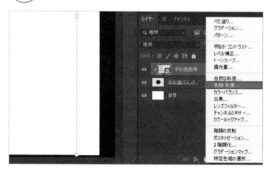

調整レイヤーアイコンをクリックし、「色相・彩度」を選択します。

## ⑫ 水彩画画像の色を青くする

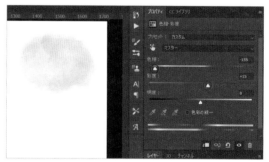

色相「-155」、彩度「+15」に設定します。P.193の方法で、色相・彩度レイヤーを下のレイヤーにクリッピングします。

## ⑬ 「カラーバランス」を選択

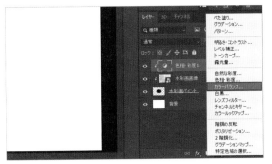

調整レイヤーアイコンをクリックし、「カラーバランス」を選択します。

## ⑭ 水彩画画像の青を微調整

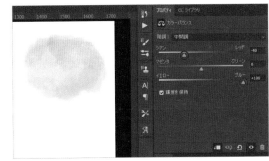

シアン～レッド「-40」、イエロー～ブルー「+100」に設定し、青色の微調整を行います。P.193の方法で、カラーバランスレイヤーを下のレイヤーにクリッピングします。

## ⑮ 星の画像を読み込む

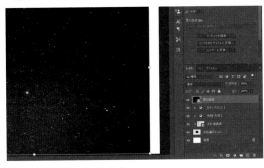

星の画像を読み込みます。

## ⑯ 星の画像をクリッピング

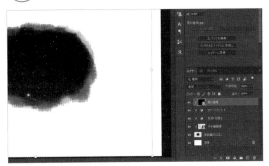

P.193の方法で、星の画像レイヤーを下のレイヤーにクリッピングします。

## ⑰ 「オーバレイ」を選択

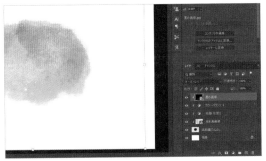

星の画像を選択し、描画モードを「オーバーレイ」に変更します。

>> Memo　オーバーレイによって色味が変わりすぎた場合は、不透明度で色味を調整しましょう。

## ⑱ テキストを重ねて微調整したら完成

最後にテキストを重ね、背景と文字のバランスを微調整すれば完成です。

ここで利用した画像 > Unsplash：http://bit.ly/3JpOL1o 　　suisai.jpg（オリジナル）

# 54 》 調整レイヤーでできる
# 氷のあしらい

氷は、ひんやりとした印象を想起させる際に利用されるデザイン技法です。冷感シートや清涼飲料など、冷たさが売りの商品に利用すると効果的です。

**Before**

**After**

---- ̇ Point ----

氷の色は本来透明ですが、あしらいとして利用する場合は青を強調することで視認性が高く、冷たい印象が伝わりやすくなります。

## 作り方

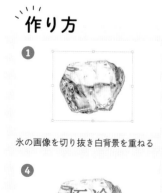

❶ 氷の画像を切り抜き白背景を重ねる

❷ 色味を青くする

❸ 彩度を上げる

❹ グラデーションテキストを重ねる

❺ テキストにドロップシャドウを設定

❻ 雪のあしらいを追加して完成

# くわしい作り方

## ① 氷を切り抜く

Photoshopで氷の画像を開き、オブジェクト選択ツールで氷の選択範囲を作成します。レイヤーマスクアイコンをクリックし、氷を切り抜きます。

## ② 氷の色味を青にする

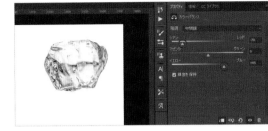

調整レイヤーアイコンをクリックし、「カラーバランス」を選択します。シアン〜レッド「-70」、イエロー〜ブルー「+45」に設定し、下のレイヤーにクリッピングします。

## ③ 氷の彩度を上げる

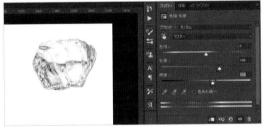

調整レイヤーアイコンをクリックし、「色相・彩度」を選択します。彩度「+30」、明度「+15」に設定し、下のレイヤーにクリッピングします。

## ④ グラデーションテキストを重ねる

テキストを入力し、レイヤースタイルを追加アイコンをクリックして「グラデーションオーバーレイ」を選択します。青グラデーション（#0a7cae、#18a4e2、#0a7cae）、角度「100度」に設定します。

>> Memo 「ひんやりさらさら。」の文字の色は#3675baに設定しています。

## ⑤ テキストの視認性を上げる

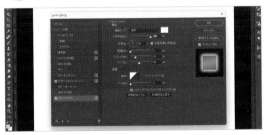

レイヤースタイルを追加アイコンをクリックし、「ドロップシャドウ」を選択します。描画モード「通常」、色「白」、不透明度「100%」、スプレッド「25%」、サイズ「95px」に設定します。

## ⑥ 雪のあしらいを追加して完成

雪の画像をあしらえば完成です。

>> Memo 白い雪の場合は、水色のドロップシャドウをつけて視認性を上げましょう。

ここで利用した画像 > iStock：http://bit.ly/3XMT2jE 画像ID：1304353341  icooon-mono：http://bit.ly/3XIUpjg

# 55 »

## パス変形でできる
## 太陽線のあしらい

太陽線のあしらいは、夏のデザインやアイキャッチ、ロゴなどに利用されることの多いデザイン技法です。夏祭りや南国旅行など、季節や気温の高い地域のデザインに利用すると効果的です。

Before

After

―Point―

単に線を放射線状に伸ばすのもよいですが、線の長さを変えたり、途中で途切れさせたりすると、オリジナリティのある太陽線のあしらいを作れます。

 作り方

❶

パスと線を作成してグループ化

❷

効果→パスの変形→変形の順に選択

❸
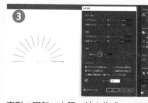

変形の回転で太陽の線を作成

❹

アピアランスを分割

❺

線の長さや形を調整

❻

文字にあしらって完成

# くわしい作り方

## ① パスと線をグループ化

Illustratorでペンツールを選択し、水平のパスと、線（太さ「5pt」、線端「角丸」）の2つを作成します。2つをグループ化します。

>> Memo　パスはガイド、塗りの線は太陽線になります。

## ② パスの回転で太陽の線を作成

グループを選択し、「効果」→「パスの変形」→「変形」の順に選択します。回転の角度「15度」、回転軸「左中央」、コピー「12」に設定し、「OK」をクリックします。

## ③ 線の微調整をする

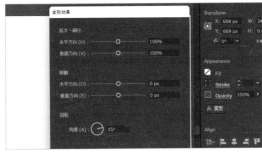

線の角度や数を再編集したい場合は、プロパティタブの「変形」をクリックします。また、線の長さは選択ツールを使って調整できます。

## ④ 12本の線オブジェクトにする

12本の線は1つのオブジェクトになっているので、「オブジェクト」→「アピアランスを分割」の順に選択し、12個のオブジェクトに分割します。

## ⑤ 線の長さや形を調整

線のオブジェクトをすべて選択します。消しゴムツールを使って、線の長さを変えたり、隙間を作ったりします。

## ⑥ テキストに太陽線を　あしらって完成

テキストを入力し、太陽の線をあしらいます。実際にあしらうと、線の微調整が必要になる場合もあります。今回は線が多すぎたので、いくつか削除しています。

# 56 » グラデーションでできる 暖色グラデーションのあしらい

暖色グラデーションは、温かい飲み物や商品の演出に使われることの多い表現技法です。冬服や防寒用商品、暖かい食品のデザインへの利用が効果的です。

**Before**　　　　**After**

─ Point ─

温かさを表現するデザインでは、丸ゴシックのように丸みのあるフォントを選ぶと馴染ませやすくなります。

## 作り方

**①** 暖色グラデーションの円を準備

**②** 円のエッジを少しぼかす

**③** 不透明度を50%に

**④** 複製、縮小を複数回繰り返し重ねる

**⑤** 一番外側のグラデーションのぼかしを少し強める

**⑥** 文字を入力しドロップシャドウをつけて完成

# くわしい作り方

## ① 暖色グラデーションを適用

Photoshopで楕円形ツールを選択し、正円を作成します。プロパティタブ内の塗りを選択し、グラデーション（#fe610b、#ff9621）を適用します。

## ② 円のエッジをぼかす

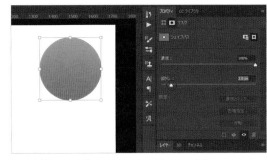

円を選択し、プロパティタブ内のレイヤーマスクアイコンをクリックします。ぼかしを「2px」に設定し、円のエッジをぼかします。

## ③ 円の不透明度を下げる

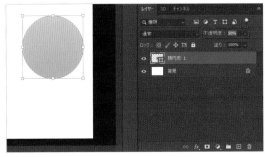

レイヤータブの不透明度を「50%」に設定します。

## ④ 複製と縮小を繰り返す

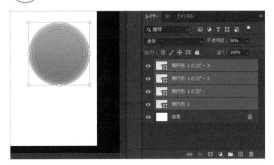

③で不透明度を調整した楕円レイヤーを、Ctrl ／command + J キーを押して同じ場所に複製します。複製したら、Shift + Alt ／ option キーを押しながら中心へ向けてドラッグし、縮小します。この作業を、円が4層になるまで繰り返します。

## ⑤ グラデーションの微調整

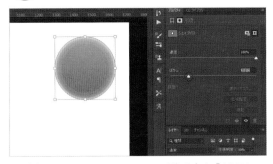

一番中心にある円レイヤーの不透明度を「100%」に設定します。一番外側の円レイヤーのぼかしを「4px」に設定し、グラデーションにメリハリをつけます。

## ⑥ テキストを重ねて完成

テキストを重ね、レイヤースタイルアイコンをクリックして「ドロップシャドウ」を選択します。視認性を上げるため、ドロップシャドウの色はオレンジ（#fe630b）にします。

# 57 ≫ パターンでできる 和風のあしらい

和風のあしらいは、和のデザインや正月のデザインに利用されるデザイン技法です。暗いトーンを使うと和、紅白色を使うと正月を想起させやすいので、用途に合わせて使い分けると効果的です。

Before

After

──💡Point──────

文字が重なる部分の背景は目立つ色を使用し、それ以外の要素は控えめな色にすると、文字にユーザーの目線を集めやすくなります。

## 作り方

❶

市松模様を作成しスウォッチに追加

❷

円に市松模様を適用し微調整

❸

円を複製して梅の花を作成

❹

円と長方形を組み合わせて梅のおしべを作成

❺

角丸長方形を組み合わせてエ霞（えがすみ）を作成

❻

テキストを重ねて完成

# くわしい作り方

## ① 市松模様の柄を作成

Illustratorで長方形ツールを選択し、正方形を4つ作成します。2色の赤（#d02627、#bf1619）を作成し、Ctrl ／ command ＋G キーでグループ化します。オブジェクトとオブジェクトの間に、隙間があかないようにします。

## ② 市松模様のパターンを作成

スウォッチパネルにグループをドラッグし、市松模様のパターンを作成します。スウォッチタブに登録できたら、もとのグループは削除します。

## ③ 市松模様の円を作成

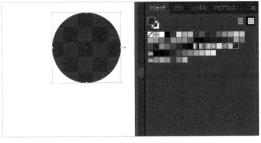

楕円形ツールで正円を作成し、②で作成したスウォッチタブの市松模様パターンをクリックします。

## ④ 市松模様のサイズを調整

「オブジェクト」→「変形」→「拡大・縮小」の順に選択し、「パターンの変形」のみにチェックを入れ、「縦横比を固定」を「40%」に設定します。

## ⑤ 梅の花びらを作成

楕円形ツールで、白の正円を作成します。後から大きさを微調整するので、自由な大きさで問題ありません。

## ⑥ 花びらを回転させながら複製

円のオブジェクトを選択し、回転ツールを選択します。Alt ／ option キーを押しながら、円の下のアンカーポイントをクリックします。角度を「360/5」に設定して、「コピー」をクリックします。

>> Memo | 「360/5」は360÷5という意味なので、72度になります。

## ⑦ 花びらが5枚になるように複製

Ctrl / command +D キーを押し、花びらの数が5枚になるまで複製します。複製できたら、5つの花びらを Ctrl / command +G キーでグループ化します。

≫ Memo | Ctrl / Command +D キーは、直前に行った動作を繰り返すショートカットキーです。

## ⑧ おしべを作成

長方形ツールで縦長の長方形、楕円形ツールで正円を作成します。2つを合わせておしべとし、グループ化します。色は「#c2b250」に設定しています。

## ⑨ おしべを回転させながら複製

おしべのグループを選択し、回転ツールを選択します。 Alt / option キーを押しながら、長方形の下辺の中央部分をクリックします。角度を「360/6」に設定して、「コピー」をクリックします。

≫ Memo | 「360/6」は360÷6という意味なので、60度になります。

## ⑩ おしべが6本になるよう複製

Ctrl / command +D キーを押し、おしべの数が6本になるまで複製します。複製できたら、6つのおしべを Ctrl / command +G キーでグループ化します。花びらとおしべのグループを同時に選択し、整列タブの「垂直方向と水平方向へ整列」アイコンをクリックします。

## ⑪ 梅の花びらをあしらう

花びらとおしべのグループを複製して2つにし、大きさや角度を調整しながら好みの場所へあしらいます。

## ⑫ 工霞に必要なオブジェクトを作成

長方形ツールを選択し、「#c2b250」色の横長の長方形を作成します。選択ツールで長方形を選択すると四隅に青い丸が表示されるので、この丸をドラッグして四隅を丸くしていきます。

≫ Memo | 四隅に青い丸がない場合は、 Alt / option キーを長押しすると表示されます。

## ⑬ 長方形を積むように複製

Alt ／ option キーを押しながらオブジェクトをドラッグすると、複製しながら移動することができます。この機能を使い、縦にずれながら長方形が3つ並ぶように複製します。

## ⑭ 真ん中の左右に長方形を作成

真ん中の段の長方形を Alt ／ option キー＋ドラッグで左右に複製し、カラーを黒に変更します。黒のオブジェクト部分は、後ほど切り抜きます。

## ⑮ 真ん中を切り抜き<br>エ霞の方にする

真ん中の金と黒の3つのオブジェクトを同時に選択します。パスファインダータブの「前面オブジェクトで型抜き」をクリックし、真ん中のオブジェクトを切り抜きます。

## ⑯ エ霞をグループ化

3つの雲オブジェクトを同時に選択し、Ctrl ／ command ＋G キーでグループ化します。

>> Memo 結合することも可能ですが、結合すると編集が大変なので今回はグループ化にします。

## ⑰ エ霞をあしらう

エ霞を複製して2つにし、大きさを調整しながら、好みの場所へあしらいます。

>> Memo 円からエ霞をはみ出させると、奥行きが生まれて立体感を表現できます。

## ⑱ テキストを重ねて完成

テキストを重ねて完成です。

# 58 >> 円グラフツールでできる 円グラフのあしらい

円グラフのあしらいは、アンケートや調査によって得られた定量的なデータを表現するのに効果的です。グラフを添えることで、ユーザーが理解しやすくなるという効果も期待できます。

Before

After

---💡Point---

アンケートや調査結果を利用する際は、必ずいつのデータでどこが調べたのかを、注釈として載せましょう。

## 作り方

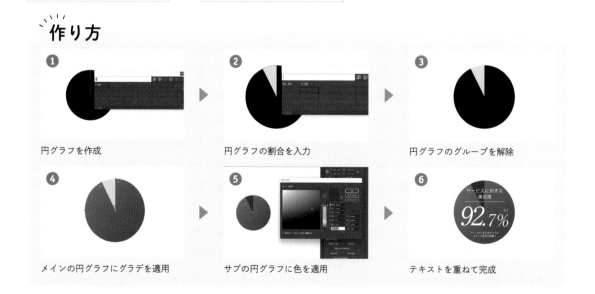

① 円グラフを作成

② 円グラフの割合を入力

③ 円グラフのグループを解除

④ メインの円グラフにグラデを適用

⑤ サブの円グラフに色を適用

⑥ テキストを重ねて完成

# くわしい作り方

## ① 円グラフを作成

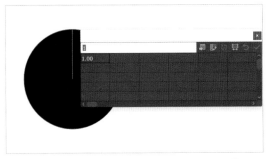

Illustratorで円グラフツールを選択し、「Shift」キーを押しながらドラッグして円グラフを作成します。

## ② 円グラフの値を入力

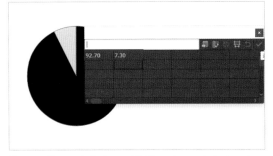

「92.7」「7.3」と入力し、適用アイコンをクリックします。

>> Memo グラフの数字は、円グラフの上を右クリックし、「データ」を選択して再編集できます。

## ③ グループを解除

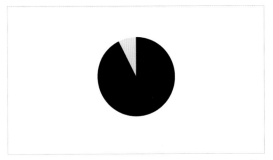

円グラフを選択し、「オブジェクト」→「グループ解除」を選択します。続いてオブジェクトの上で右クリックし、「グループ解除」を選択します。これで、グラフのグループがすべて解除されました。

## ④ グラデーションを適用

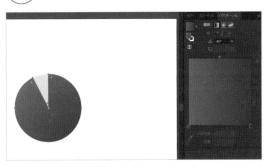

メインのグラフを選択します。グラデーションタブで青色のグラデーション（#057dbc、#0854a2）を適用し、角度を「-45度」に設定します。

>> Memo グラデーションを利用することで、グラフにメリハリをつけることができます。

## ⑤ サブ円グラフの色を変更

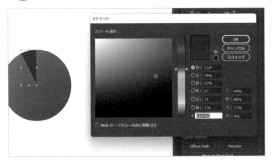

次に、サブのグラフの色も変更します。今回は紺色（#1b4786）に変更しています。

## ⑥ テキストを重ねて完成

最後にテキストを重ねて完成です。

# 59 》パスの変形とブラシでできる
# スタンプ風加工のあしらい

スタンプ風加工のあしらいは、デザインに温もりを出したい場合に効果的な技法です。ちょっとした
タイトルロゴやイラストに利用すると、温かみのあるデザインへ近づけられます。

**Before**

**After**

**⎯ Point ⎯**

デジタルで作成したロゴやイラストは、
どうしてもエッジがシャープになりが
ちです。そこで、あえてエッジをゆが
ませることで、温もりを表現しやすく
なります。

 作り方

❶

効果→パスの変形→ラフの順に選択

❷
マスクを作成

❸

マスクを編集

❹

「アート_木炭・鉛筆」を選択

❺

ブラシでかすれを表現

❻

マスクの選択を解除して完成

# くわしい作り方

## ① エッジをゆがめる

Illustratorで、スタンプ風加工を施したいオブジェクトを開きます。「効果」→「パスの変形」→「ラフ」の順に選択し、サイズ「0.1%」、詳細「15inch」、ポイント「丸く」に設定します。

>> Memo　ラフの再編集は、プロパティタブの「ラフ」から行えます。

## ② マスクを作成

Before　　　　　　After

「ウィンドウ」→「透明」の順に選択し、「マスクを作成」をクリックしてマスクを作成します。

>> Memo　マスクを作成するとオブジェクトが見えなくなりますが、問題ありません。

## ③ 長方形を作成

透明タブの右側の窓を選択した状態で、オブジェクトに重なるように白の長方形を作成します。これで、オブジェクトが見えるようになります。

## ④ ブラシを選択

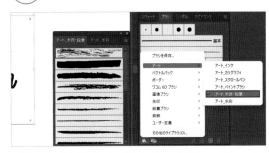

ブラシタブを開き、「ブラシライブラリ」→「アート」→「アート_木炭・鉛筆」の順に選択します。

## ⑤ スタンプのかすれを表現

一番上のブラシを選択します。ブラシツールを選択し、色を黒に設定します。文字の上を短かく何度もドラッグし、スタンプのかすれを表現していきます。

## ⑥ マスクの選択を解除して完成

最後に透明タブを開き、左側の窓をクリックしてマスクの選択を解除すれば完成です。

ここで利用した画像 > イラストAC：http://bit.ly/3WGSbQc
画像ID：1571410

183

# 60 » オブジェクトの組み合わせでできる
# 動物のあしらい

動物のイラストは、ユーザーの目に留まりやすい要素の1つです。ワンポイントの動物をフックにして目的のページへ遷移させることも、広告デザインではよく行われています。

**Before**

**After**

---💡Point---

目や鼻などのパーツは近づけ、3頭身を意識して作成すると、かわいいイラストになりやすいです。

## 作り方

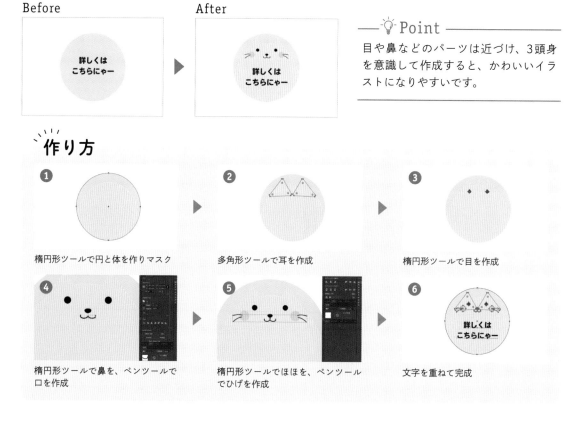

❶ 楕円形ツールで円と体を作りマスク

❷ 多角形ツールで耳を作成

❸ 楕円形ツールで目を作成

❹ 楕円形ツールで鼻を、ペンツールで口を作成

❺ 楕円形ツールでほほを、ペンツールでひげを作成

❻ 文字を重ねて完成

# くわしい作り方

## ① 枠と体を作成

Illustratorで楕円形ツールを選択し、枠になる青い（#aeeeff）円を作成します。次に、体になる黄土色（#f4e9be）の円を作成します。

>> Memo | 楕円は、先に正円を作成し、後から形を調整すると楽です。

## ② 体をマスクで枠に収める

青い円オブジェクトを、Ctrl / command +C → Ctrl / command +F キーで同じ場所に複製します。複製した青い円オブジェクトの重なり順を最前面へ移動し、複製した青い円オブジェクトと黄土色の円オブジェクトを同時に選択します。オブジェクトの上で右クリックし、「クリッピングマスクを作成」を選択し、マスクで体を枠に収めます。

## ③ 耳の形を作成

多角形ツールで、黄土色（#f4e9be）の三角形を作成します。ダイレクト選択ツールを選択し、三角形のオブジェクトが耳の形になるよう、アンカーポイントを移動して調整します。

>> Memo | 三角形の左下の角が体のラインと重なるようにするのがポイントです。

## ④ 耳を作成

選択ツールを選択し、③で作成した三角形を選択します。選択すると表示される三隅の青い丸をドラッグし、角丸三角形を作成します。その後、三角形を複製し、右側にも配置して耳を作成します。耳を作成できたら、Ctrl / command +G キーでグループ化します。

## ⑤ 目を作成

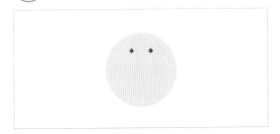

楕円形ツールを選択し、焦げ茶（#221d1b）の正円を作成します。複製して左右に配置し、目を作成します。目を作成できたら、Ctrl / command +G キーでグループ化します。

## ⑥ 鼻を作成

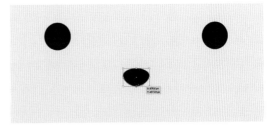

楕円形ツールで、横長の焦げ茶（#221d1b）の楕円を作成します。ダイレクト選択ツールで下中央のアンカーポイントを下に少し下げ、鼻を作成します。

## ⑦ 口元を作成

ペンツールを選択し、ネコの口元の片方になる焦げ茶 (#221d1b) の線を作成します。その後、複製、反転させて両サイドを合わせることで、口元を作成します。

## ⑧ 口部分を作成

ペンツールで、口元の中心に焦げ茶 (#221d1b) の垂直線を作成します。⑦で作成した線と垂直線を Ctrl / command + G キーでグループ化し、口元部分を作成します。

>> Memo　口元の中心に垂直線をうまく配置できない場合は、整列機能を活用しましょう。

## ⑨ ほほの赤みを作成

楕円形ツールを選択し、ピンク (#e5ceea) の正円を作成します。複製し、反対側にも配置し、ほほの赤みを作成します。ほほの赤みができたら、Ctrl / command + G キーでグループ化します。

## ⑩ 片側のひげを作成

ペンツールを選択し、ひげになる焦げ茶 (#221d1b) の線を作成します。ひげが1本作成できたら、Alt / option キーを押しながら下へドラッグして複製し、角度を調整しながら片方のひげを作成します。

>> Memo　重力に負けて下に垂れ下がるようにするのがポイントです。

## ⑪ 両サイドへひげをつける

片側のひげができたら、Ctrl / command + G キーでグループ化し、反対側へ複製、反転させて配置します。両方のひげができたら、Ctrl / command + G キーでグループ化します。

## ⑫ テキストを重ねて完成

テキストを重ねます。耳、目、口元、ほほ、ひげが、それぞれグループ化されていることを確認します。オブジェクトをすべて選択し、整列タブで水平方向中央に整列させて、パーツの位置を整えれば完成です。

# 動物イラストの引き出し

図形の形や色を変えることで、他にもさまざまな動物を作成できます。ツールの勉強をしたい方におすすめです。

## その1 » シロクマさん

基本的な作り方は本編のネコと同じですが、耳の部分が少し特殊なので、耳の作り方を解説します。

## その2 » ペンギンさん

基本的な作り方は本編のネコと同じですが、体の部分が少し特殊なので、体の作り方を解説します。

### 作り方

(1) 縦長の楕円を作成

楕円形ツールを使い、縦長の楕円を作成します。

### 作り方

(1) 五角形の角を丸くし正円にする

多角形ツールで正五角形を作成し、正円になるまで角を丸めます。5つのアンカーポイントが均等に配置されるので、後からの成形がかんたんなんです。

(2) 耳の形へ成形

ダイレクト選択ツールで楕円の両サイドのアンカーポイントを同時に選択し、上に上げます。

(2) 体の形を整える

ダイレクト選択ツールで楕円の上3つと下2つのアンカーポイントを同時に選択し、上下に調整しながら形を整えます。

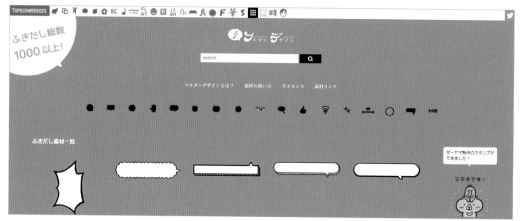

#COLUMN

# あしらい素材サイトの紹介

案件の予算やスケジュールによっては、0からあしらいを作成するのが難しい場合もあります。そんなときに便利なあしらい素材サイトを紹介します。素材サイトの素材を使用する際は、各サイトの利用規約を遵守するようにしましょう。

## 1 » イラスト AC

高品質なあしらい素材を無料でダウンロードできます。種類が豊富なため、たいていのあしらい素材はここで見つかると思います。

https://www.ac-illust.com/

### >>> 補足情報

| | |
|---|---|
| 商用利用 | ○ |
| ファイル形式 | PNG・JPG・Ai・EPS |
| ユーザー登録 | 必要 |

※無料会員の場合、1日の検索回数は5回、ダウンロード回数は9回までと、利用に制限があります。

## 2 » フキダシデザイン

吹き出し素材に特化した素材サイトです。吹き出しを使いたいときは、こちらのサイトがおすすめです。

https://fukidesign.com/

### >>> 補足情報

| | |
|---|---|
| 商用利用 | ○ |
| ファイル形式 | PNG・JPG・SVG |
| ユーザー登録 | 不要 |

# Appendix

## 付録

Photoshop & Illustrator のきほん

# Photoshopのきほん

# 01 » 画像を追加する

Photoshopでは、複数枚の写真や画像を組み合わせてレイアウトを組む機会が多いです。
ここでは、もっとも基本的な画像の追加や配置の方法について解説します。

### 方法 1 画像ファイルのアイコンを ドラッグ＆ドロップ

Photoshopで画像を開いた後、さらに追加で別画像を追加したい場合、画像ファイルのアイコンをPhotoshop内にドラッグ＆ドロップすることで画像の追加ができます。

### 方法 2 「ファイル」 →「埋め込みを配置」を選択

Photoshopで画像を開き、上部メニューで「ファイル」→「埋め込みを配置」の順にクリックします。埋め込みたい画像を選択することで、画像を配置できます。

### 方法 3 「ファイル」 →「リンクを配置」を選択

Photoshopで画像を開き、上部メニューで「ファイル」→「リンクを配置」の順にクリックします。リンクさせたい画像を選択することで、画像を配置できます。

# 02 » オブジェクト選択ツールで選択する

オブジェクト選択ツールは、画像内の人物や商品などのオブジェクトや、空や森などの領域に対する
選択範囲を自動で作成してくれるツールです。

### ① オブジェクト選択ツールを選択

オブジェクト選択ツールを選択します。

### ② 選択範囲の作成

選択範囲を作成したいオブジェクトをクリックしま
す。すると、自動で選択範囲が作成されます。

### ③ 選択範囲の追加

Shift キーを押しながら追加したいオブジェクトや
領域をクリックすると、選択範囲が追加されます。

### ④ 選択範囲の削除

command / Ctrl キーを押しながら削除したいオブ
ジェクトや領域をクリックすると、選択範囲を取り
消すことができます。

Photoshopのきほん

# 03 »調整レイヤーを追加する

調整レイヤーとは、画像の明るさや色味などを間接的に編集するためのレイヤーです。
Photoshopの色調補正は、基本的にこの調整レイヤーを使って行われます。

## ① 調整レイヤーアイコンを クリック

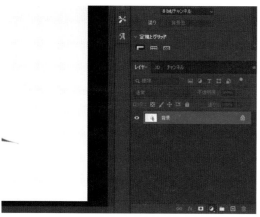

レイヤータブの下部にある、調整レイヤーアイコン
をクリックします。

## ② 調整内容を選択

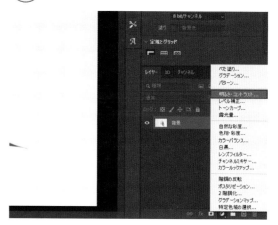

調整レイヤーのメニューが表示されるので、この中
から任意の調整内容を選択します。今回は、「明るさ・
コントラスト」を選択します。

## ③ 調整レイヤーが追加される

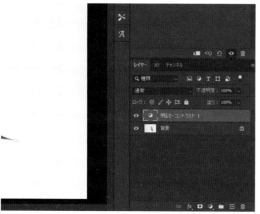

レイヤータブに、「明るさ・コントラスト」の調整レ
イヤーが追加されます。

## ④ プロパティタブで設定

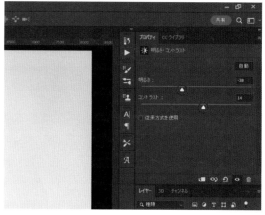

プロパティタブの値を設定すると、その結果が画像
に反映されます。

# 04 》 調整レイヤーをクリッピングする

クリッピングマスクは、上にあるレイヤーの透明部分を利用し、下にあるレイヤーにマスクを適用させる機能です。下にあるレイヤーのみに調整レイヤーを適用させたい場合に使用します。

## 方法1 調整レイヤーを右クリック

レイヤータブ内の調整レイヤーの上で右クリックし、[クリッピングマスクを作成] を選択すると、クリッピングマスクが作成されます。

## 方法2 「クリッピングマスクを作成」アイコンをクリック

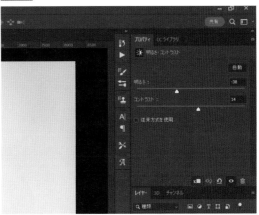

調整レイヤーのプロパティタブ下部にある「クリッピングマスクを作成」アイコンをクリックすると、クリッピングマスクが作成されます。

## 方法3 Alt / option キーを押しながらレイヤー間をクリック

Alt / option キーを押しながらレイヤーとレイヤーの間をクリックすると、クリッピングマスクが作成されます。この方法は、調整レイヤー以外のレイヤーにも利用できます。

**Photoshopのきほん**

# 05 » レイヤーマスクを追加する

レイヤーマスクとは、レイヤーの一部を隠すことのできる機能です。レイヤーマスクは白と黒で表示領域を指定します。白が表示（適用）、黒が非表示（非適用）になります。

## ① モノクロにする

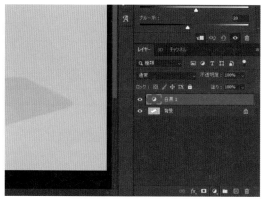

レイヤータブ下部の調整レイヤーアイコンをクリックし、「白黒」を選択します。

## ② レイヤーマスクを追加

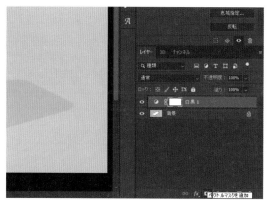

レイヤータブ下部のレイヤーマスクを追加アイコンをクリックし、レイヤーマスクを追加します。

## ③ 黒に塗りつぶして適用をなくす

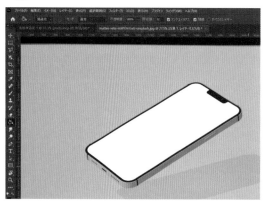

塗りつぶしツールを選択します。レイヤーマスクを黒で塗りつぶし、全体を隠します。これでレイヤーマスクの適用がなくなり（非表示になり）、調整レイヤーの効果がなくなります。

## ④ 白色のブラシツールで表示領域を作る

ブラシツールを選択します。白色のブラシで、調整レイヤーの効果を適用させたい部分をドラッグします。今回は、スマホ以外の部分をなぞり、調整レイヤーの効果を適用させました。

# 06 » ブラシツールを設定する

Photoshopのブラシツールには、さまざまな種類があります。また、直径や硬さなど、設定を変更することができます。ここでは、基本的な設定方法を解説します。

## ① ブラシツールを選択

ブラシツールを選択します。

## ② ソフト円ブラシを選択

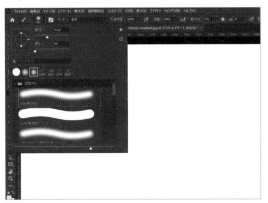

「ブラシプリセットピッカー」をクリックし、ブラシの種類を選びます。ここではもっとも汎用性の高い「ソフト円ブラシ」を選択します。直径の大きさや硬さ（値が高いほどエッジがシャープになる）も設定できます。

## ③ 色を選択

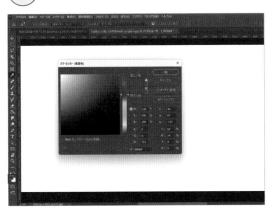

ブラシの色は、ツールバー下部にある「カラーピッカー（描画色）」で変更できます。今回は青色を選択しています。

## ④ 不透明度を選択

ブラシの不透明度は、画面上部のブラシオプションバーの「不透明度」の値を調整することで変更できます。

Photoshopのきほん

# 07 » レベル補正を利用する

レベル補正は、画像のシャドウ、中間調、ハイライトの照度レベルを調整する調整レイヤーです。
光が当たっている部分と影になっている部分の、明るさの微調整に使用されます。

## ① 「レベル補正」を選択

レイヤータブ下部の調整レイヤーアイコンをクリックし、「レベル補正」を選択します。

## ② つまみを左に動かす

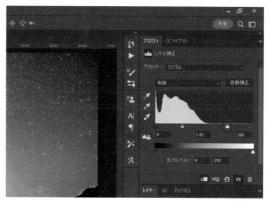

「レベル補正」のプロパティタブで、つまみを左へ動かすと画像全体が明るくなります。

## ③ つまみを右に動かす

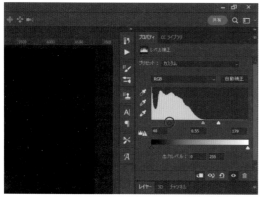

「レベル補正」のプロパティタブで、つまみを右へ動かすと画像全体が暗くなります。

# 08 » トーンカーブを利用する

トーンカーブは、画像の明るさやコントラストを調整する調整レイヤーです。グラフの直線をS字やU字状に曲げることで色調補正を行います。

## ① 「トーンカーブ」を選択

レイヤータブ下部の調整レイヤーアイコンをクリックし、「トーンカーブ」を選択します。

## ② 上方向に上げる

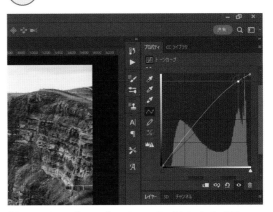

「トーンカーブ」のプロパティタブ内にあるグラフの直線をクリックすると、コントロールポイントという点を追加できます。コントロールポイントを右上にドラッグすることで、ハイライトの微調整ができます。

## ③ 下方向に下げる

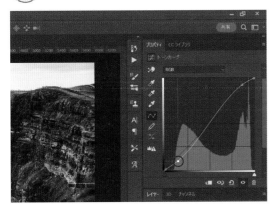

コントロールポイントを追加し、左下にドラッグすることで、シャドウの微調整ができます。今回は点が1つですが、この点を細かく追加することで、細かい色調補正ができます。

# 09 » グラデーションを適用する

Photoshopでは、さまざまな場面でグラデーションを使用します。ここでは、グラデーションの適用方法について解説します。

## 方法 1 グラデーションツールの利用

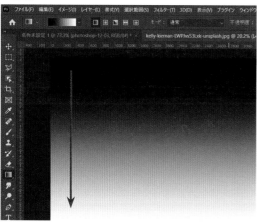

グラデーションツールを選択し、グラデーションを適用させたい方向にドラッグすると、グラデーションを適用できます。

## 方法 2 塗りにグラデーションを適用

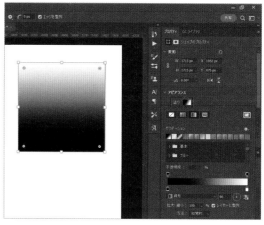

長方形ツールや楕円形ツールで作成したシェイプにグラデーションを適用させる場合、アピアランスの「塗り」をクリックしてグラデーションを選択します。

## 方法 3 グラデーションで塗りつぶし

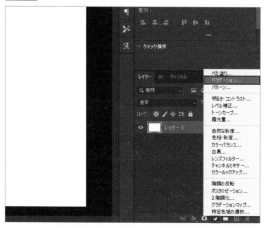

グラデーションレイヤーを作成する場合、レイヤータブ下部の調整レイヤーアイコンをクリックして、「グラデーションで塗りつぶし」を選択します。

## 方法 4 グラデーションオーバーレイ

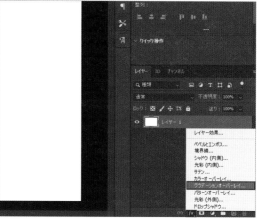

特定のレイヤーにグラデーションを適用させる場合、レイヤースタイルアイコンをクリックし、「グラデーションオーバーレイ」を選択します。

# 10 » グラデーションエディターを利用する

グラデーションエディターは、オリジナルのグラデーションを作成する際に利用する画面です。ここでは、グラデーションエディターを使ったグラデーションの作成方法について解説します。

## ① グラデーションエディターの表示

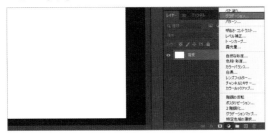

レイヤータブ下部の調整レイヤーアイコンをクリックし、「グラデーションで塗りつぶし」をクリックします。グラデーションエディターが表示されます。

## ② プリセット

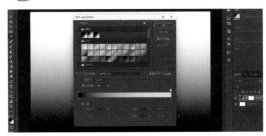

「プリセット」には、あらかじめ用意されているグラデーションのパターンが表示されています。グラデーションの配色が苦手な方は、プリセットから適用させると作業がスムーズです。

## ③ グラデーションカラーの変更

カラーを変更する際は、カラー分岐点をダブルクリックし、カラーピッカーで色を選択します。

## ④ グラデーション比率の変更

比率を変更する際は、カラー分岐点をドラッグします。

## ⑤ グラデーションカラーの追加

`alt` / `command` キーを押しながら左右どちらかのカラー分岐点をドラッグすると、グラデーションカラーを追加できます。

## ⑥ グラデーションカラーの削除

カラー分岐点を下にドラッグするか、カラー分岐点を選択して `Back space` / `delete` キーを押すと、グラデーションカラーを削除できます。

**Photoshopのきほん**

# 11 » レイヤーを利用する

ここでは、レイヤーの基本操作を解説します。レイヤーの追加、複製、削除など、よく使う操作を覚えておきましょう。

## ① レイヤーの追加

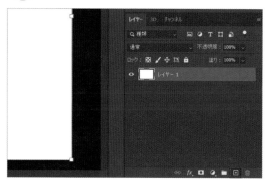

レイヤータブ下部の新規レイヤーを作成アイコンをクリックすると、新規レイヤーが追加されます。

## ② レイヤー名の変更

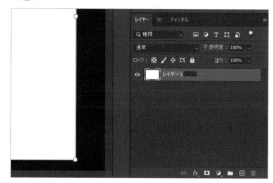

レイヤーの名前部分をダブルクリックすると、レイヤー名を変更できます。

## ③ レイヤーの複製

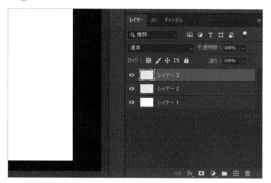

レイヤーを選択して Ctrl / command + C → Ctrl / command + V を押すと、レイヤーを複製できます。

## ④ レイヤーの順番

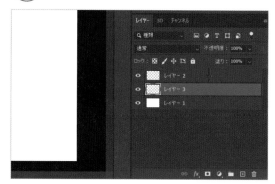

レイヤーの順番は、レイヤーをドラッグして変更できます。

⑤ レイヤーのロック

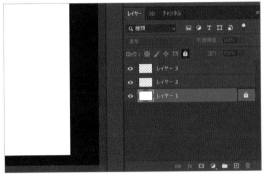

レイヤーの鍵アイコンをクリックすると、編集した
くないレイヤーをロックできます。

⑥ レイヤーの非表示

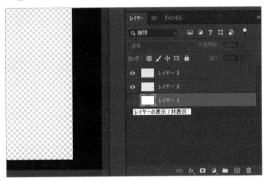

レイヤーの左側にある目のアイコンをクリックする
と、レイヤーを非表示にできます。

⑦ レイヤーの不透明度

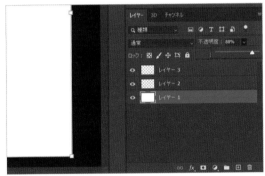

レイヤータブの右上にある「不透明度」の数値を変更
すると、レイヤーの不透明度を調整できます。

⑧ 描画モードの変更

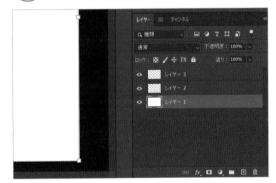

レイヤータブの左上にある「通常」のプルダウンメ
ニューをクリックすると、描画モードを変更できます。

⑨ レイヤーのグループ化

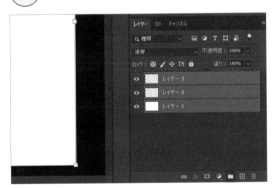

shift キーを押しながらレイヤーを複数選択し、レ
イヤータブの下部にある新規グループを作成アイコ
ンをクリックすると、レイヤーをグループ化できま
す。Ctrl / command + G キーを押しても同様です。

⑩ レイヤーを削除

レイヤーを選択し、レイヤータブ下部のレイヤーを
削除アイコンをクリックします。「はい」をクリック
すると、レイヤーを削除できます。delete キーを押
しても同様です。

Photoshopのきほん

# 12 » レイヤースタイルを追加する

レイヤースタイルは、レイヤーに対して視覚的な効果を適用させる機能です。ここでは、レイヤースタイルの基本的な使い方について解説します。

## ① レイヤースタイルメニューを開く

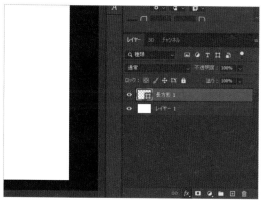

レイヤータブ下部のレイヤースタイルを追加アイコンをクリックします。

## ② レイヤースタイルの選択

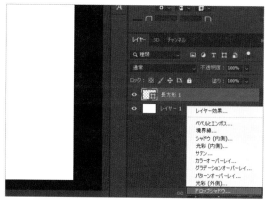

メニューから、任意のレイヤースタイルを選択します。

## ③ レイヤースタイルダイアログで設定

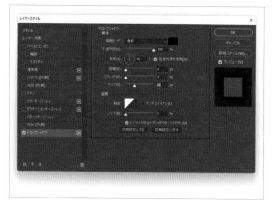

レイヤースタイルダイアログで、レイヤースタイルの設定を行います。

## ④ レイヤースタイルの適用

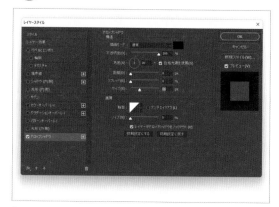

「OK」をクリックすると、レイヤースタイルが適用されます。

# Illustratorのきほん

# 01 ≫ グラデーションを設定する

Illustratorのグラデーション機能では、さまざまなグラデーションを作成することができます。ここでは、基本的なグラデーションの作り方について解説します。

## 方法 1 グラデーションを適用

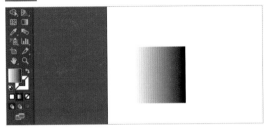

ツールバーのカラーピッカー下部にある「グラデーション」アイコンをクリックすると、グラデーションを適用させることができます。

## 方法 2 グラデーションの種類変更

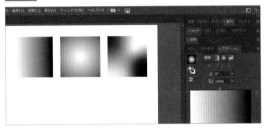

グラデーションタブ内の「種類」から、グラデーションの種類を変更できます。左から順に、線形、円形、フリーグラデーションになります。

## 方法 3 色を選択

グラデーションタブ内の「グラデーションスライダー」から、色を選択します。スポイトアイコンをクリックして、色を抽出できます。

## 方法 4 不透明度の設定

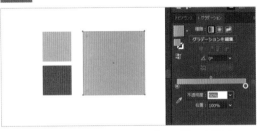

グラデーションタブの「不透明度」の値を変更することで、不透明度を調整できます。

## 方法 5 角度の変更

グラデーションタブ内の「角度」で、グラデーションの角度を調整できます。

## 方法 6 カラースウォッチに追加

スウォッチタブ下部の新規スウォッチアイコンをクリックし、名前をつけて「OK」をクリックすると、作成したグラデーションをカラースウォッチに追加できます。

# 02 » アピアランスを設定する

アピアランスは、テキストやオブジェクトの線、塗りなどを装飾するための機能です。ここでは、アピアランスタブの基本的な使い方について解説します。

### 方法1 新規塗りの追加

アピアランスタブで「新規塗りを追加」アイコンをクリックすると、新規塗りを追加できます。

### 方法2 新規線の追加

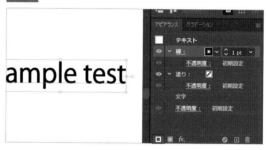

アピアランスタブで「新規線を追加」アイコンをクリックすると、新規線を追加できます。

### 方法3 順番の変更

塗りや線のアピアランスをドラッグすることで、順番を変更できます。

### 方法4 アピアランスの設定（線）

アピアランスタブ内の「線」から、線の色や太さを設定できます。

### 方法5 アピアランスの設定（塗り）

アピアランスタブ内の「塗り」から、塗りの色を設定できます。

### 方法6 アピアランスの削除

アピアランスタブ右下にある削除アイコンをクリックすると、アピアランスを削除できます。

# すぐに使えるおすすめフォント

フォントは、情報を伝える上でとても重要な役割を持っています。フォントの種類や太さによって、デザインの印象は大きく変わります。ここでは、本書の作例で使用したフォントや、著者である私が普段利用しているおすすめのフォントをご紹介します。

## Webサイトに使えるおすすめWebフォント4選

### ① Noto Sans JP

Webサイトの定番フォントの1つで、可読性が高く癖のない汎用性の高いフォント。

提供元：Googleフォント

https://fonts.google.com/noto/specimen/Noto+Sans+JP

### ② Sawarabi Gothic

フォントサイズが小さくても可読性が高く、丸みのあるかわいいフォント。

提供元：Googleフォント

https://fonts.google.com/specimen/Sawarabi+Gothic

### ③ Shippori Mincho

スタイリッシュなWebサイトと相性がよい、おしゃれで上品なフォント。

提供元：Googleフォント

https://fonts.google.com/specimen/Shippori+Mincho

### ④ Zen Kurenaido

癖が少なく汎用的に活用できる、手書き風フォント。

提供元：Googleフォント

https://fonts.google.com/specimen/
Zen+Kurenaido

## デザインに使えるおすすめフォント4選

### ① 游ゴシック

可読性、視認性、判読性に優れたフォント。資料やスライド制作などにおすすめ。

提供元：Adobeフォント

https://fonts.adobe.com/fonts/yu-gothic-pr6n

### ② FOT-筑紫A丸ゴシック Std

かわいい丸みが特徴的なフォント。女性向けのデザインや優しさを表現したい場合におすすめ。

提供元：Adobeフォント

https://fonts.adobe.com/fonts/fot-tsukuardgothic-std

### ③ A-OTF リュウミン Pr6N

細い曲線が美しいフォント。おしゃれなデザインや大人かわいいデザインにおすすめ。

提供元：Adobeフォント

https://fonts.adobe.com/fonts/a-otf-ryumin-pr6n

### ④ ルイカ-09

ウェイトが太く視認性が高いフォント。金額や数などの強調させたい数字や英語表記への利用がおすすめ。

提供元：Adobeフォント

https://fonts.adobe.com/fonts/ruika

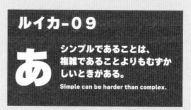

## ・ すぐに使えるおすすめ素材提供サイト ・

デザインの現場では、スケジュールや予算の都合で、1からの制作や新規撮影が難しい場合も少なくありません。ここでは、そんな場合におすすめの無料・有料素材サイトをご紹介します。

## おすすめ画像提供サイト4選

### ① Adobe Stock（有料）

画像の質が高く、ジャンルの幅も広い。検索すれば、高い確率でほしい画像を探すことができます。

https://stock.adobe.com/jp

### ② iStock（有料）

質の高い日本人モデルや日本の風景画を探す場合におすすめ。もちろん、それ以外でもOK！

https://www.istockphoto.com/jp

### ③ Unsplash（無料）

おしゃれで質の高い画像がほしい場合におすすめ。ただし海外サイトのため、日本人や日本っぽい素材は少なめ。

https://unsplash.com/

### ④ フォトAC（無料・一部有料）

日本人や日本の素材を探す場合におすすめ。無料ユーザーの場合、1日の検索数とダウンロード数に制限があるので注意が必要。

https://www.photo-ac.com/

---

## おすすめイラスト提供サイト4選

### ① イラストAC（無料・一部有料）

提供イラストの幅が広く、基本的なイラストが揃っています。イラスト素材を探す際は、こちらがおすすめ。

https://www.ac-illust.com/

### ② Tloose drawing（無料）

イラストの汎用性が高く、色も変更できるため、オリジナルのトンマナにカスタマイズした素材がほしい場合におすすめ。

https://loosedrawing.com/

### ③ unDraw（無料）

IT・ビジネス系にぴったりな、洗練されたイラストが多い。BtoBのデザインにおすすめ。

https://undraw.co/illustrations

### ④ フキダシデザイン（無料）

クオリティの高い吹き出し素材がほしい場合におすすめ。

https://fukidesign.com/

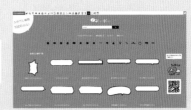

◆ プロフィール

# 島田陽生（しまだはるき）

2019年より、Web制作会社に入社。その後、広告代理店へ転職。
Webデザイン、UI／UXデザイン、フロントエンド開発、SEO対策、デジタル
プロモーション戦略設計などの業務に従事する。現在はそれらの経験を活かし、
ライブ動画学習サービスのSchoo講師やTwitter投稿などを行う。Schooでは、
その月の人気動画ランキング1位を獲得。Twitterでは主にデザインの現場で使
える小ワザをメインに投稿しており、フォロワーの数は約1.7万人に及ぶ。
本業では、広告代理店のデザイナー兼ディレクターとして勤務しており、主に大
手企業のデジタルプロモーション戦略設計や、それらに付随するクリエイティブ
（Webサイトやバナー、3DCGなど）の制作をメインに従事。個人では、フリー
ランスのWebデザイナーとしても活動中。

| | |
|---|---|
| ブックデザイン | 小口翔平＋奈良岡菜摘(tobufune) |
| レイアウト・本文デザイン | 株式会社ライラック |
| 編　集 | 大和田洋平 |
| 技術評論社 Web ページ | https://book.gihyo.jp/116 |

# ほんの一手間でプロっぽくなる
# Photoshop & Illustrator デザインの小ワザ

2023年6月30日　初版　第1刷発行

| | | |
|---|---|---|
| 著　　　者 | 島田陽生 | |
| 発 行 者 | 片岡 巌 | |
| 発 行 所 | 株式会社技術評論社 | |
| | 東京都新宿区市谷左内町21-13 | |
| | 電話 03-3513-6150 | 販売促進部 |
| | 　　 03-3513-6160 | 書籍編集部 |
| 印刷／製本 | 港北メディアサービス株式会社 | |

◆ お問い合わせについて

本書の内容に関するご質問は、下記の宛先ま
でFAXまたは書面にてお送りください。なお
電話によるご質問、および本書に記載されて
いる内容以外の事柄に関するご質問にはお答
えできかねます。あらかじめご了承ください。

〒162-0846
新宿区市谷左内町21-13
株式会社技術評論社　書籍編集部
「ほんの一手間でプロっぽくなるPhotoshop
　& Illustratorデザインの小ワザ」質問係
FAX番号 03-3513-6167

なお、ご質問の際に記載いただいた個人情報
は、ご質問の返答以外の目的には使用いたし
ません。また、ご質問の返答後は速やかに破
棄させていただきます。